国家科学技术学术著作出版基金资助出版
国家自然科学基金项目资助出版

阿尔泰南缘造山－变质环境中的成矿流体

徐九华　林龙华　等著

北　京
冶金工业出版社
2015

内容提要

本书主要内容包括：阿尔泰南缘成矿地质背景；造山－变质环境中的脉状金铜矿化；萨热阔布－恰夏脉状铜金矿化的富 CO_2 流体；额尔齐斯构造带金矿床的构造－流体成矿；海相火山沉积矿床的变形变质；铁木尔特－大东沟矿床的流体包裹体；富 CO_2 流体来源与成矿效应。

本书可供矿床地质学、矿床地球化学领域内的科技工作者和高等院校相关专业师生参考。

图书在版编目（CIP）数据

阿尔泰南缘造山－变质环境中的成矿流体/徐九华等著 . —北京：冶金工业出版社，2015.3
ISBN 978-7-5024-6848-4

Ⅰ . ①阿⋯　Ⅱ . ①徐⋯　Ⅲ . ①金属矿床—成矿溶液—研究—新疆　Ⅳ . ①P618. 2

中国版本图书馆 CIP 数据核字（2015）第 029992 号

出　版　人　谭学余
地　　　址　北京市东城区嵩祝院北巷 39 号　邮编　100009　电话　(010)64027926
网　　　址　www. cnmip. com. cn　电子信箱　yjcbs@ cnmip. com. cn
责任编辑　杨秋奎　美术编辑　彭子赫　版式设计　孙跃红
责任校对　王永欣　责任印制　李玉山
ISBN 978-7-5024-6848-4
冶金工业出版社出版发行；各地新华书店经销；三河市双峰印刷装订有限公司印刷
2015 年 3 月第 1 版，2015 年 3 月第 1 次印刷
169mm×239mm；11 印张；213 千字；166 页
55. 00 元
冶金工业出版社　投稿电话　(010)64027932　投稿信箱　tougao@cnmip. com. cn
冶金工业出版社营销中心　电话　(010)64044283　传真　(010)64027893
冶金书店　地址　北京市东四西大街 46 号(100010)　电话　(010)65289081(兼传真)
冶金工业出版社天猫旗舰店　yjgy. tmall. com
（本书如有印装质量问题，本社营销中心负责退换）

前　言

　　地质流体在地球演化过程中起着十分重要的作用，从流体的角度考察各种地质过程及其成矿过程，已成为当今地质科学的前沿课题。流体包裹体研究是成矿流体研究的重要手段，只有深入研究成矿流体的各种物理化学参数，才能更合理地建立成矿模式，指导成矿预测。国内外已出版的多部包裹体研究专著，为矿床地质研究提供了重要的方法指南。

　　本书以 2006 年开始的三项国家自然科学基金项目的主要研究成果为背景，系统地阐述了阿尔泰山南缘造山型金矿、VMS 矿床等的流体包裹体、蚀变－构造脉体特征，讨论了流体研究的科学意义，研究成果对揭示区域晚石炭－二叠纪造山过程的构造－变质－流体叠加成矿具有重要的科学意义。阿尔泰地区的地质研究程度相对于新疆其他地区较高，已经出版了一批专著，例如，《额尔齐斯构造带构造演化与成矿系列》（张湘炳等，1996）、《中国新疆古生代地壳演化及成矿》（何国琦等，1994）、《哈巴河－布尔津河流域金、铜成矿作用研究》（董永观等，2002）、《中国阿尔泰造山带的变形变质及流体作用》（刘顺生等，2003）、《中国新疆阿尔泰晚古生代火山作用及成矿》（牛贺才等，2006），但没有专门研究流体的书籍。针对特定区域的流体包裹体综合研究专著，不仅在区域矿产的成矿环境研究中有理论价值，而且在矿产资源勘查领域内也有实际意义。

　　全书分 9 章，各章分工为：第 1 章由徐九华编写，第 2 章由徐九华、林龙华编写，第 3 章由徐九华、钟长华、单立华等编写，第 4 章由肖星、杨蕊等编写，第 5 章由张国瑞、王燕海等编写，第 6 章由林龙华、徐九华等编写，第 7 章由王琳琳、褚海霞等编写，第 8 章由徐九华等编写，第 9 章由徐九华编写。书稿最后由徐九华、林龙华统稿。

　　本书的出版首先要感谢国家自然科学基金委多年来的资助，正是由于基金项目作为科研的依托背景，才有可能获得本书的各项研究成果。此外，还要感谢新疆维吾尔自治区 305 项目办公室、北京矿产地质研究院及丁汝福教授级高级工程师、新疆地矿局第四地质大队及周刚总工程师、新疆有色地质勘查局 706 队及郭正林和郭旭吉两位总工程师，以及中国科学院地质与地球物理研究所、中国地质科学院矿产资源研究所等很多科研单位在北疆的研究组，很多矿山的工程技术人员在笔者野外工作期间所提供的热情帮助和支持。在流体包裹体研究方面，中国科学院地质与地球物理研究所范宏瑞研究员、高能物理研究所陈栋梁教授在拉曼激光探针、同步辐射 X 射线荧光分析等实验方面给予了很多支持。

　　本书的出版还要感谢国家科学技术学术著作出版基金委员会的资助，感谢三位同行专家的推荐，特别要感谢出版基金匿名评审专家以及他们提出的建设性意见。先后参加阿尔泰地区野外地质调查和室内研究工作的北京科技大学研究生们为基金项目的完成做出了很多贡献，他（她）们是：钟长华、单立华、陈伟、阴元军、张国瑞、卫晓锋、张锐、王琳琳、林龙华、林天懿、刘泽群、褚海霞、王燕海、魏浩、肖星、龚运辉、杨蕊、张辉、成曦晖、边春静、杨凯和张晓康等。

　　由于作者水平所限，书中不足之处，恳请广大读者批评指正。

著　者

2014 年 11 月

目　　录

1 绪 论

徐九华

阿尔泰造山带（Altaides）横跨俄罗斯、哈萨克斯坦、中国和蒙古四国，其东部边界位于蒙古和中国东北大兴安岭的西缘，南部边界位于中国喀喇昆仑、塔里木和华北克拉通的北缘（Yakubchuk，2004）。该造山带在我国新疆北部呈NWW向展布，绵延450km，向东进入内蒙古中西部直至大兴安岭西坡。阿尔泰成矿域是中亚巨型成矿域的重要组成部分，蕴藏了众多的晚元古到早中生代金、银、铜钼、铅锌和镍矿床（Heinhorst et al.，2000；Yakubchuk，2004）。中亚成矿域以其鲜明的古生代成矿作用、独特的成矿特点，与环太平洋成矿域和特提斯成矿域相区别，其矿产资源的蕴藏量丝毫不逊于后两者（涂光炽，1999）。

阿尔泰造山带大规模的构造－成矿作用主要发生在晚古生代，早中泥盆世陆缘拉张和晚泥盆世－二叠纪的俯冲－碰撞这两个不同的构造体制相应形成了与陆缘裂谷环境有关的成矿系统和碰撞成矿系统（Wang et al.，2000）。早中泥盆世的陆缘拉张形成阿尔泰南缘火山岩带和基性岩带（Sm－Nd等时线年龄397Ma），与此相关的火山块状硫化物矿床（VMS型）同位素年龄407～372Ma；中泥盆世末洋壳向北东俯冲，至早石炭世末海盆消失，哈萨克斯坦－准噶尔板块与西伯利亚板块拼贴缝合，进而发育了广布的区域变质岩，相当于俯冲和碰撞的两期变质年龄为359.5Ma和339.3Ma，碰撞及碰撞后形成的金矿床同位素年龄265～320Ma（王京彬等，1998）。海西造山带的两期区域变质作用与地质流体活动有密切的关系，第一期变质作用（390～330Ma）是造山作用初期，热流活动较弱、构造变形强烈环境下的产物，第二期变质作用（365～280Ma）代表造山作用主期，热流活动强烈，伴随有构造变形和岩浆活动（徐学纯等，2005）。晚泥盆世末至二叠世末，阿尔泰南缘处于NW－SE向强烈的挤压造山构造环境，特别是晚石炭世－早二叠世，同造山的变形变质强烈，不仅使泥盆纪VMS金属矿床受到变质改造作用，而且在Au高背景区形成了独立的造山型金矿。

自1985年开始实施"国家305项目"以来，北疆地区的区域成矿和典型矿床研究取得了丰硕的成果，以晚古生代为主要成矿期的中亚成矿域区域成矿理论得到了发展，多处富有远景的大型矿产普查评价基地被发现。国家重点基础研究发展规划（"973"计划）项目"中国西部中亚型造山与成矿"和"中亚造山带大陆动力学过程与成矿作用"的实施，在中亚成矿域地壳结构、演化与成矿规律研究、金属矿床成矿机理、年代学、流体研究及成矿预测等方面也取得了丰硕的研究成果。

自 2006 年开始，在国家自然科学基金项目的资助下，本书作者有幸在阿尔泰地区开展了三项基金课题的研究："阿尔泰山南缘造山型金矿床的 CO_2 流体及其成矿作用"（40572066）、"阿尔泰山海西造山晚期的高密度 CO_2 流体与 Au 成矿效应"（40672060）和"阿尔泰南缘克兰盆地 VMS 矿床的变形变质、碳质流体与成矿"（40972066）。通过研究，获得的主要成果有：

（1）通过阿尔泰南缘萨热阔布金矿床的流体包裹体研究，发现该矿床广泛发育高密度的无水的单相碳质流体（$CO_2 - CH_4 - N_2$）包裹体，其产出有 3 种情况：1）近矿蚀变的变晶屑凝灰岩（黑云石英片岩）中拉长的石英晶屑中，次生的碳质流体（$CO_2 - CH_4 - N_2$）包裹体垂直石英脉透镜体（或片理）长轴方向呈线状分布；2）平行片理的黄铁矿 - 石英脉 Q I 中次生/假次生液态碳质流体包裹体，沿主矿物石英的生长愈合裂隙分布；3）与黄铜矿、方铅矿、闪锌矿等伴生的多金属硫化物阶段石英 Q II 中的碳质流体包裹体，无序随机分布或局限于石英颗粒内的愈合裂隙中。按固态 CO_2（S_{CO_2}）的熔化温度（T_{m,CO_2}）有两种情况：$T_{m,CO_2} = -57 \sim -56℃$ 的纯 CO_2 包裹体，其 CO_2 相部分均一温度（T_{h,CO_2}）+3 ~ +20℃，均一为液态 CO_2；$T_{m,CO_2} < -57℃$，有较多的 CH_4 等其他挥发分，T_{h,CO_2} 低达 $-33.7 \sim -17.7℃$。激光拉曼探针证明了这类包裹体为无水的 $CO_2 \pm CH_4$ 体系流体，CH_4 摩尔分数达 $0.20\% \sim 0.23\%$。少量共生的 $H_2O - CO_2$ 包裹体均一温度为 254 ~ 395℃，据此可推断碳质流体包裹体形成于中高温条件，其最低捕获压力范围为 150 ~ 320MPa，CO_2 流体具有深源和变质流体特征。

（2）阿尔泰南缘克兰火山沉积盆地的海相火山沉积矿床（VMS 型或 SEDEX 型矿床）的成矿可识别出两个时期：1）海相火山喷流沉积成矿期，表现为浸染状、条带状和块状产出的闪锌矿 - 方铅矿等硫化物成矿作用；2）变质热液成矿期，又可分为两个阶段，较早的含铜白色 - 灰白色石英脉（Q I），呈脉状或透镜状沿片理方向产于变质岩中；较晚的含黄铜矿石英脉（Q II）斜切浸染状黄铁矿化蚀变岩和层状闪锌矿。在铁木尔特和大东沟铅锌矿，反映压力 - 重结晶作用的各种矿石结构构造常见。大东沟 - 乌拉斯沟、铁木尔特铅锌（铜）矿床的晚期硫化物（含铜）石英脉，其成因很可能与萨热阔布金矿的含金石英脉一样，是海西晚期造山过程的产物。

（3）铁木尔特铅锌（铜）矿床和大东沟铅锌矿中与变质片理平行的硫化物 - 石英脉 Q I 中碳质流体包裹体也广泛发育，晚期黄铜矿石英脉 Q II 中碳质流体包裹体也常见。这些包裹体的显微测温表明，T_{m,CO_2}、T_{h,CO_2} 等与萨热阔布金矿有着相似的结果，具有较高的密度（$0.75 \sim 1.15 \ g/cm^3$）。根据与碳质流体共生的 $H_2O - CO_2$ 包裹体研究，碳质流体最低捕获温度为 243 ~ 412℃（铁木尔特）或

216～430℃（大东沟），最低捕获压力在 110～340MPa 之间。研究表明，碳质流体的来源与造山的变质作用有关，而与海底喷流沉积无关。

（4）阿尔泰南缘晚古生代火山盆地矿床中的碳质流体极为丰富，不仅在造山型金矿中赋存大量与成矿有关的碳质流体，而且在 VMS 型矿床中也存在同造山的变质碳质流体。由共生的富 CO_2 包裹体（$L_{CO_2} - L_{H_2O}$ 型）和 $H_2O - CO_2$ 包裹体（$L_{H_2O} - L_{CO_2}$ 型），造山型金矿的碳质流体捕获温度大于 254～395℃，压力大于 150～320MPa，碳质流体的捕获温度压力条件与变质相带相平衡计算的变质温度、压力范围相当。说明该区的碳质流体来自区域变质作用，并参与了相关的成矿作用，包括与造山型金矿有关的构造－变质－流体－成矿作用和对 VMS 型矿床的变质改造作用。恰夏铜矿床含铜石英脉的成矿流体特征与造山型金矿床类似，脉状铜矿化的成因与造山－变质热液有关，与区域内的萨热阔布金矿、铁木尔特－大东沟晚期含金（铜）石英脉等相似，都是阿尔泰南缘海西晚期造山－变质作用的产物。

（5）在海相火山沉积成矿期后，蒙库铁矿床经历了区域变质成矿作用及其后的热液交代成矿作用，前者包括浸染状－条带状磁铁矿阶段和块状磁铁矿阶段，后者包括钙硅酸盐交代阶段、硫化物阶段和方解石石英脉阶段。其中区域变质是蒙库铁矿最重要的成矿期，经压溶富集形成透镜状、条带状分布的块状磁铁矿。类矽卡岩是热液在富 Ca 沉积岩和富 Si 酸性火山岩系层间活动经交代形成的，其形成晚于块状磁铁矿的形成。晚期铜矿化与热液交代成矿期有关。反映区域变质作用的顺层石英脉（Q_2）中，测得早期包裹体的均一温度（T_h）为 235～511℃，晚期次生流体包裹体 T_h 为 157～326℃；晚期热液石英脉（Q_3）中包裹体的 T_h 为 122～337℃包裹体。磁铁矿的氧同位素 $\delta^{18}O_{SMOW}$ 为 −2‰～＋1.28‰，平均 −0.15‰，其组成特征显示了火山沉积变质成矿作用特征，与国内外沉积变质铁矿床的磁铁矿氧同位素组成相似，而区别于典型的矽卡岩铁矿床；磁铁矿爆裂曲线也显示出变质作用改造的特征。总体来看，区域变质－热液叠加改造是蒙库铁矿最重要的成矿作用。

（6）赛都金矿和萨尔布拉克金矿的构造－成矿流体研究表明，随着额尔齐斯碰撞造山带由压性、韧性转变为张性、脆性，流体则随之由 CO_2/H_2O 高比值、中温、低盐度的变质流体向低温、富含水的流体演化。赛都金矿的硫铅同位素研究表明，成矿物质是从深部源富集的，在后碰撞造山作用过程从深部岩石中通过热液萃取获得。黄铁矿的 $\delta^{34}S$ 变化范围在 3.53‰～5.88‰ 之间；铅同位素组成为 $^{206}Pb/^{204}Pb = 18.0997～18.3585$、$^{207}Pb/^{204}Pb = 15.4877～15.5790$、$^{208}Pb/^{204}Pb = 38.1116～38.3551$。萨尔布拉克金矿的流体包裹体中氢同位素组成为 −127‰～−96.3‰；成矿溶液的氧同位素组成为 −4.3‰～5.8‰。氢氧同位素组成的变化范围大，反映不同期次成矿热液的性质差异，也反映了成矿的多期性、多阶段性。赛都金矿和萨尔布拉克金矿的形成只是造山带中剪切带演化过程中的一个产物，主要的金矿化应与后碰撞造山的伸展构造环境有关，构造－成矿流体的演化特征与剪切带演化过程吻合。

（7）通过对比海相火山喷流沉积和造山－变质两类矿化的稳定同位素特征，结合矿化的变形变质和流体包裹体特征，研究了成矿物质、成矿流体来源和矿床成因。萨热阔布金矿主成矿阶段硫化物石英脉和铁木尔特铅锌（铜）矿床中晚期发育的含黄铜矿石英脉中均富含碳质（$CO_2 - CH_4 - N_2$）流体包裹体，可能与碰撞造山的热液流体作用有关。铁木尔特铅锌（铜）矿床中代表 VMS 期的浸染状矿石中硫化物 $\delta^{34}S$ 为 $-26.46‰ \sim -19.72‰$，硫主要来源于海水硫酸盐的无机还原和细菌还原作用；而代表后期叠加改造的脉状矿化硫化物的 $\delta^{34}S$ 值与萨热阔布金矿床硫化物石英脉中 $\delta^{34}S$ 值接近，硫主要来源于造山过程中的深源流体。萨热阔布金矿床的硫化物石英脉和铁木尔特铅锌（铜）矿床的晚期含黄铜矿石英脉 δD_{H_2O} 值和 $\delta^{18}O_{H_2O}$ 值，均反映了碰撞造山期热液与岩浆活动和变质作用有关。萨热阔布金矿硫化物石英脉中碳质流体包裹体的 $\delta^{13}C_{CO_2}$ 为 $-21.15‰ \sim -7.51‰$，$\delta^{13}C_{CH_4}$ 为 $-34.11‰ \sim -28.38‰$；铁木尔特铅锌（铜）矿床含黄铜矿石英脉中的碳质包裹体 $\delta^{13}C_{CO_2}$ 为 $-8.02‰ \sim -6.99‰$，$\delta^{13}C$ 特征与海相火山沉积无关，具有岩浆源或深部源的特点。

2 阿尔泰南缘成矿地质背景

徐九华　林龙华

2.1 概述

　　从构造位置来看，我国阿尔泰南缘处于西伯利亚板块与哈萨克斯坦－准噶尔板块的汇聚带，是中亚造山带的重要组成部分，其基本构造格局是经晚古生代长期的 Cordilleran 式造山运动所形成（Zhu et al.，2006；Yakubchuk，2004；Yakubchuk，2008），经历了三个重要的构造演化阶段：泥盆纪古亚洲洋板块俯冲、石炭纪板块碰撞及古亚洲洋闭合以及早二叠世碰撞后的板内拉张（牛贺才等，2006）。泥盆纪和石炭纪的构造背景具有沟－弧－盆的特征（肖文交等，2006）（图2－1）。早中泥盆世和晚泥盆世－二叠纪不同的构造背景相应地形成了与海底喷流作用有关的成矿系统和与碰撞造山有关的成矿系统（王京彬等，1998；李志纯和赵志忠，2002）。

　　早泥盆世古亚洲洋板块已开始俯冲（张海祥等，2008），火山活动强烈，在西伯利亚板块南缘的我国境内由西向东依次形成了阿舍勒、冲乎尔、克兰和麦兹四个火山沉积盆地，产出一系列与海相火山活动有关的铁矿床、块状硫化物矿床或喷流热水沉积矿床。例如，产于阿舍勒盆地的阿舍勒大型铜锌 VMS 矿床，产于麦兹盆地的蒙库铁矿床、可可塔勒大型铅锌矿床等（郭正林等，2007），以及产于克兰火山沉积盆地的铁木尔特铅锌（铜）矿床、大东沟铅锌矿、塔拉特锌铅矿床、阿巴宫铁矿等（尹意求等，2005）。铁矿成矿与早泥盆世早期细碧角斑质火山作用相伴，而铅锌成矿则与早泥盆世晚期长英质火山喷流沉积作用有关（郭正林等，2006）。

　　晚泥盆世至早二叠世末，阿尔泰南缘处于 NE－SW 向强烈挤压的构造环境，同造山期的构造－变质－成岩－流体－成矿作用发育，是继早泥盆世 VMS 矿化之后的重要成矿时期。造山作用导致了对海相火山沉积成矿系统的叠加改造，并造就了一些伴生或独立的金（铜）石英脉矿床。这个时期还表现为大量的岩浆活动，形成了广布的阿尔泰海西期花岗岩。但近年来的研究表明，一些过去认为是海西期的侵入岩是印支期的（朱永峰，2007），它们与稀有金属（如可可托海）－多金属矿床的形成有密切联系，因此阿尔泰南缘的构造－岩浆－成矿活动可能一直延续到三叠纪末。

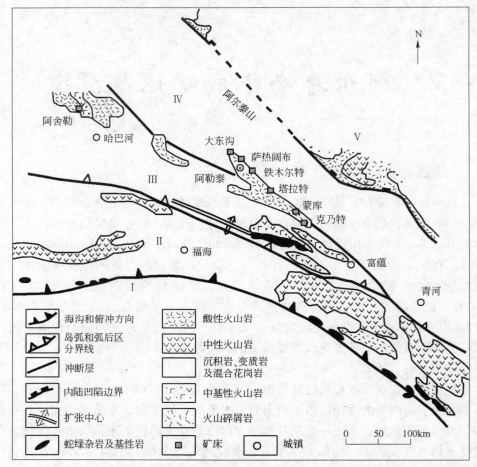

图 2-1　阿尔泰南缘区域地质略图（据董永观等（2002）资料补充修绘）

板块单元分区：Ⅰ—乌伦古河海沟；Ⅱ—喀拉通克岛弧；Ⅲ—克兰弧后盆地；

Ⅳ—可可托海陆缘深成岩浆弧；Ⅴ—诺尔特板内断陷盆地

2.2　区域地层

阿尔泰造山带南缘地层按岩石学特征、地层接触关系、区域不整合面的分布、岩浆岩组合和构造活动特征，可分为三个构造－地层组合：（1）前寒武纪基底构造层；（2）奥陶纪－早石炭世末上叠盆地构造层；（3）晚石炭世以来陆内构造层（董永观等，2002）。现结合前人对区域地层的其他研究成果，并以1:20万区域地质调查的划分方案为基础，简要叙述区域地层如下。

2.2.1　元古宇

元古宇地层由古－中元古界克木齐群、新元古界富蕴群与哈巴河群组成，构成了前寒武纪基底构造层。其中克木齐群和富蕴群构成了变质基底构造层，而哈巴河群形成了其上的褶皱基底。

2.2.1.1 古-中元古界克木齐群（$Pt_{1-2}km$）

古-中元古界克木齐群最早为李承三（1943）确定，广泛分布于哈隆-青河和冲乎尔-哈拉苏-乌恰沟一带，由一套深变质岩组成，主要岩性为黑云片麻岩、混合岩、黑云石英片岩，夹斜长角闪片岩和大理岩。主要的同位素年龄数据有：Sm-Nd全岩等时线年龄1400Ma±78Ma（胡霭琴等，1993），锆石、钾长石U-Pb两阶段年龄t_1为1800Ma（何国琦等，1994），Pb-Pb等时线年龄2116Ma（董永观等，2002）。未见底，与上覆新元古界富蕴群为整合或不整合接触。

2.2.1.2 新元古界富蕴群（Pt_3f）

新元古界富蕴群分布位置与克木齐群大体相同。主要由斜长角闪片岩、黑云长石石英片岩、大理岩和片麻岩等组成。在哈隆—青河一带与下伏克木齐群为断层接触，在可可塔勒矿区北部与下伏克木齐群为整合接触。主要的同位素年龄数据有：富蕴县额尔齐斯河南岸斜长角闪岩的Sm-Nd全岩等时线年龄707Ma（胡霭琴等，1992），片麻岩锆石U-Pb年龄785Ma（董永观等，2002）。

2.2.2 古生界

古生界主要为奥陶系、志留系、泥盆系、石炭系及二叠系（表2-1）。泥盆系在阿尔泰地区分布广泛、出露较全，是区内多金属矿产的重要容矿岩系，包括下泥盆统康布铁堡组，下-中泥盆统阿舍勒组、托克萨雷组，中泥盆统阿勒泰组，中-上泥盆统别洛乌巴组、齐叶组、忙代恰组、上泥盆统库马苏组。康布铁堡组火山-沉积岩是北疆重要的块状硫化物含矿层位之一。自下而上的地层分布和岩性特征见下述。

2.2.2.1 中奥陶统哈巴河群（O_2h）

中奥陶统哈巴河群分布在白哈巴-哈纳斯湖-阿勒泰-青河-布尔根一线以北的广大地区，为厚度巨大、岩性单一的灰绿色、浅灰色细碎屑岩建造。主要岩性由厚层及中-薄层变质砂岩及粉砂岩和少量泥岩的韵律互层夹紫红色砂岩、粉砂岩及黑色砂岩组成。过去的资料认为，该群内保存有良好的震旦纪微古植物化石，如小球藻、微刺藻等。下部未见底，顶部被上奥陶统不整合覆盖，出露厚度大于7760m。但近年来，袁超等（2007）对哈巴河群中碎屑锆石的年代学（U-Pb年龄463~542Ma）研究表明，哈巴河群的沉积时代应在中奥陶世和早泥盆世之间，而非前寒武纪沉积地层。Long等（2010）对这些岩石中的碎屑锆石U-Pb定年和Hf同位素研究也证实，过去认为是前寒武纪微板块的沉积物，实际上是中奥陶世之后的。

表 2-1　阿尔泰分区及东准噶尔分区地层划分方案

（据新疆 305 项目报告，结合年代学进展稍作修改）

界	系	统	地层分区	
			阿尔泰分区	东准噶尔分区
新生界	第四系	Q	Q	Q
	第三系	N		昌吉河组 N_2
		E	乌伦古河组 E_{2-3}、红砾山组 $E_{1-2}h$	红砾山组 $E_{1-2}h$
中生界	白垩系	K	（缺失）	（缺失）
	侏罗系	J	石树沟群 J_3sh、水西沟群 $J_{1-2}sh$	（缺失）
古生界	二叠系 P	上统	库尔提组 P_2k	扎河坝组 P_2z
		下统	特斯巴汗组 P_1t	赤底组 P_1c
	石炭系 C	上统	喀拉额尔齐斯组 C_3k	（缺失）
		中统		巴塔玛依内山组 C_2b
				哈尔加乌组 C_2h
		下统	南明水组 C_1n	南明水组 C_1n
				黑山头组 C_1h
	泥盆系 D	上统		卡希翁组 D_3k
		中统	阿勒泰组 D_2a	温都喀拉组 D_2w
				北塔山组 D_2b
		下统	康布铁堡组 D_1k	托让格库都克 D_1t
	志留系 S	中-上统	库鲁木提组 $S_{2-3}kl$	（缺失）
	奥陶系 O	上统	白哈巴群 O_3b	加波萨尔组 O_3jb
		中统	哈巴河群 O_2h	
新元古界			富蕴群	（缺失）
古-中元界			克木齐群	

注：中、新生界地层与区内矿化关系不密切，地层组名从略。

2.2.2.2　上奥陶统白哈巴群（O_3b）

上奥陶统白哈巴群零星分布于白哈巴和哈纳斯地区。该群为海相火山-碎屑岩建造，下部为中酸性火山熔岩层，上部为正常碎屑岩夹灰岩层。与下伏哈巴河群为不整合接触。视厚度 900～3100m。在铁列克提村北该群岩层中富含海相化石，有珊瑚、腕足类和双壳类化石等。

2.2.2.3　中-上志留统库鲁木提群（$S_{2-3}kl$）

中-上志留统库鲁木提群在区内仅零星分布。在阿尔泰山主峰至焦尔特河一带的库鲁木提群为一套浅滨海相变质碎屑岩，由千枚岩、片岩、变砂岩夹钙质砂岩组成，含较多的腕足类及苔藓虫等化石，未见顶，与下伏上元古界富蕴群为断层接触。视厚度900~2200m。在阿巴宫一带，为绿泥绢云片岩、绢云石英片岩、黑云石英片岩等，未见底，与下泥盆统康布铁堡组呈断层接触。

2.2.2.4 下泥盆统康布铁堡组（D_1k）和下-中泥盆统阿舍勒组（$D_{1-2}a$）

下泥盆统康布铁堡组（D_1k）分布在阿巴宫、可可塔勒、冲乎尔等地，常构成复向斜的两翼。阿巴宫一带为中酸性火山岩、火山碎屑岩、沉积碎屑岩夹碳酸盐岩，岩石均发生不同程度的变质作用。下亚组为石英钠长斑岩、变质霏细岩、石英角斑岩夹变质砂岩、粉砂岩。上亚组为石英角斑岩、英安斑岩、变质霏细岩、火山角砾岩、角砾凝灰岩、变凝灰岩、变凝灰质砂岩夹结晶灰岩、大理岩等。可可塔勒地区的康布铁堡组在麦兹复向斜北翼出露较全，上、下亚组之间为断层接触。下亚组为一套海相基性—酸性火山熔岩和火山碎屑岩，夹少量正常沉积碎屑岩碳酸盐岩，主要岩性是变石英角斑质凝灰岩、变石英角斑岩、细碧岩夹黑云斜长片麻岩、角闪变粒岩和斜长浅粒岩夹大理岩透镜体。上亚组为变流纹质凝灰岩、变英安质流纹岩、变晶屑凝灰岩、铁锰质大理岩、黑云石英片岩、斜长角闪片岩和片麻岩等。

下-中泥盆统阿舍勒组（$D_{1-2}a$）出露于阿舍勒矿区一带，可分为三个岩性段。第一岩性段为变凝灰岩、岩屑晶屑凝灰岩、沉凝灰岩、英安质晶屑凝灰岩和大理岩等。第二岩性段为含集块角砾凝灰岩、含角砾凝灰岩、晶屑凝灰岩、变泥质粉砂岩、千枚岩、大理岩、火山角砾岩、沉凝灰岩、硅化凝灰岩和次生石英岩，顶部为硅质岩、碧玉岩、灰岩及块状硫化物矿体，为阿舍勒铜矿床主矿体的赋存部位。第三岩性段岩性以玄武岩为主，夹角砾凝灰岩、含晶屑凝灰岩和凝灰质粉砂岩。

2.2.2.5 中泥盆统阿勒泰组（D_2a）和下-中泥盆统托克萨雷组（$D_{1-2}t$）

中泥盆统阿勒泰组（D_2a）分布在阿巴宫、可可塔勒、冲乎尔等地。阿勒泰组在阿巴宫一带出露较全，主要由变质海相碎屑岩、碳酸盐岩夹少量基性、酸性火山岩组成，与下伏康布铁堡组为整合接触，局部有沉积间断。可可塔勒麦兹复向斜核部的阿勒泰组仅出露下亚组，岩性为石榴透闪十字黑云片岩、红柱石片岩、变质砂岩、大理岩和钙质细砂岩。冲乎尔阿勒泰组为泥质粉砂岩、钙质砂岩、大理岩、黑云石英片岩、变质砂岩和十字蓝晶黑云斜长片岩。

下-中泥盆统托克萨雷组（$D_{1-2}t$）位于阿舍勒组之上，分布于阿舍勒和科克套地区，由浅海相变质碎屑岩夹碳酸盐岩组成，与中-下泥盆统阿舍勒组为断层接触，厚度约3000m。

2.2.2.6 中-上泥盆统忙代恰组（$D_{2-3}m$）

中-上泥盆统忙代恰组主要为分布于阿尔泰东部中蒙边境一带，根据层位和岩性特征，可将本组划分为两个亚组：下亚组下部为安山玢岩和英安斑岩，上部为砂岩、粉砂岩和千枚岩，未见底，可见厚度1775m；上亚组下部为硅质岩和砂岩、千枚岩，上部为泥质粉砂岩、板岩、夹砂岩，视厚度5000m。

2.2.2.7 上泥盆统库马苏组（D_3k）

上泥盆统库马苏组分布于阿尔泰山北东柯鲁木特和库马苏一带，在阿勒泰地区缺失。

2.2.2.8 石炭系

石炭系仅在富蕴县城以西及诺尔特－库马苏－土尔根一带零星分布，缺失中、上统。石炭系包括喀拉额尔齐斯组与红山嘴组。红山嘴组分布在诺尔特－库马苏－土尔根一带，为海相酸性火山－碎屑岩建造，厚度2900～8400m。喀拉额尔齐斯组分布于额尔齐斯河中游，为深变质的海陆相碎屑岩夹少量中酸性火山岩及碳酸盐岩。

2.2.2.9 二叠系

二叠系分布面积小，发育不全，仅出露下统。下部称特斯巴汗组，为陆相磨拉石建造，上部库尔提组为陆相磨拉石建造夹中基性火山岩。

中新生界地层由于和本地区成矿关系不密切，在此从略。

2.3 区域构造

阿尔泰南缘及北准地区的成矿分带与地壳演化密切相关。一般认为，阿尔泰地区属西伯利亚板块的大陆边缘，但在该地区的具体的大地构造属性问题上，早期的认识为拉张的大陆裂谷环境（何国琦，1994），将新疆北部古生代地壳演化分为五个阶段：（1）基底陆壳阶段；（2）拉张型过渡阶段；（3）洋壳阶段；（4）汇聚过渡阶段；（5）古生代新陆壳阶段。现在的认识基本上为活动陆缘的弧盆系构造，董永观等（2002）从沉积组合、岩浆活动和区域变质事件的综合分析，将阿尔泰南缘的构造演化分为四个阶段：（1）前寒武纪基底构造演化阶段；（2）被动大陆边缘演化阶段；（3）活动大陆边缘演化阶段；（4）陆内演化阶段。

阿尔泰山区的基本构造格局（图2－2）是海西晚期的造山运动之后形成的。褶皱构造主体呈NW向，体现为发生强烈劈理化的线性紧闭褶皱。位于苏木达依里克大断裂以北的哈纳斯地区具有独特的近南北向褶皱形态。阿尔泰地区断裂构造系统以NWW向和NNW向两组深大断裂为特征，这两组断裂控制了区内的地层、构造、岩浆岩以及Fe、Pb、Zn及稀有金属矿产的分布格局。

2.3.1 褶皱构造

区内褶皱构造大部分为发育于古生代褶皱基底中线型紧闭型褶皱，轴线主要呈290°～310°展布，其形态大多为两翼陡倾或倒转，轴面近直立，岩层多已强烈劈理化，发生强烈的面理置换作用，泥盆系片理化火山－沉积岩中发育大量的无根褶曲（张湘炳等，1996）。位于阿勒泰市以北的克兰复向斜（或称阿勒泰复向

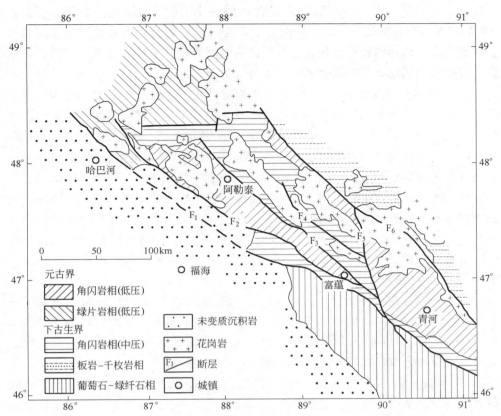

图 2-2 阿尔泰南缘变质-构造简图（据刘顺生等（2003）修绘）

F₁—额尔齐斯断裂；F₂—克兹加尔-特斯巴汗断裂；F₃—阿巴宫-库尔提断裂；

F₄—巴寨断裂；F₅—卡拉先格尔断裂；F₆—红山嘴断裂

斜）长约100km，宽30km，NE翼地层倾角60°～70°，SW翼地层倾角40°～50°，西段局部地段发生倒转。哈纳斯地区的构造格局与阿尔泰山前地区很不协调，以东西向的苏木达依里克大断裂分界，南侧为NW向构造格局，北侧则出现近南北向线性紧闭褶皱，且大型褶曲多呈S形，反映了哈纳斯地体的存在。

2.3.2 断裂构造

主要的大型断裂走向为NNW向及NWW向。NWW向延伸的区域性深大断裂由南向北依次有额尔齐斯断裂（F₁）、克兹加尔-特斯巴汗断裂（F₂）、阿巴宫-库尔提断裂（F₃）、巴寨断裂（F₄）和红山嘴断裂（F₆）（图2-2）。NNW向断裂包括卡拉先格尔断裂（F₅）、阿勒泰断裂和哈巴河断裂。与两组深大断裂有关的相应次级断裂也十分发育。处于巴寨断裂、阿巴宫-库尔提断裂和克兹加尔断裂之间的NW-SE向断裂，导致中-下泥盆统内各岩性组和岩性段之间多为断层接触。阿巴宫 – 库尔提断裂以南发育规模较小的 NE 向压扭性断裂，它们被 NWW 向区域性大断裂中止，区域性大断裂与次级断裂将中泥盆统阿勒泰组与海西中期花岗岩岩体错成菱形块体。控制区内地层分布、逆冲 – 推覆体构造、岩浆岩及成矿作用的几条主要深大断裂基本特征如下：

（1）额尔齐斯断裂（F_1）。额尔齐斯断裂是北疆地区最重要的一条岩石圈大断裂，是阿尔泰和准噶尔地层分区的分界线，限定了阿尔泰构造系统的南界。主断裂 SE 段为玛因鄂博断裂，中段为富蕴 – 锡伯渡断裂，NW 段被第四系覆盖。对 NW 段的延伸存在三种看法：1）向 NNW 并入玛尔卡库里断裂；2）沿额尔齐斯河谷隐伏延伸；3）由 NW 偏向 W 与科克森套主断裂连接。断裂带实际上是一个宽 7~15km、延伸超过 200km、具冲断性质的狭长带状展布的巨大推覆体，电磁测深显示其为一向北陡倾的低阻带，延深可达 100km 以上。从区域上看，额尔齐斯 – 玛因鄂博断裂是深部 Au 上升的主要通道。NW 向延伸的区域大断裂如玛卡库里断裂等常具有韧性剪切带或推覆的性质，控制了侵入岩体、变质相带及 Au 矿带的空间展布。

（2）克兹加尔 – 特斯巴汗断裂（F_2）。克兹加尔 – 特斯巴汗断裂走向 290°~300°，倾角 70°~80°，延伸 200km，大部分为第四系覆盖。断裂内碎裂糜棱岩带宽 100~200m。断层性质属逆断层，北东盘中泥盆统逆冲到南西盘上石炭统之上。沿该断裂分布有大量的基性岩和酸性岩脉。

（3）阿巴宫 – 库尔提断裂（F_3）。阿巴宫 – 库尔提断裂走向 310°~315°，倾角 70°~80°，全长 160km。沿断裂有宽达数百米的碎裂 – 糜棱岩带，断层性质属压扭性逆断层，具右型平移特征。断层 NW 段见下泥盆统逆冲到中泥盆统之上，SE 段见古元古界逆冲到泥盆系之上。该断裂处于一级重力梯度带的北侧边界。断裂以北的中泥盆统发生强烈揉皱，节理、劈理和小褶曲十分发育。断裂以南产出大量海西晚期岩体。

（4）巴寨断裂（F_4）。巴寨断裂走向 310°~320°，倾角 70°~80°，全长 200km。断裂西起乌齐里克他乌，延伸至巴寨矿段分成南北分支。北支为麦兹盆地的北界，南支为可依洛甫断裂。沿断裂发育有 100~200m 宽的糜棱岩带。断裂性质为逆断层，具有大型逆冲特征。断层上盘志留系库鲁姆提组片岩逆冲到下泥盆统之上。该断裂控制了麦兹火山沉积盆地和海西期花岗岩带的分布。

（5）卡拉先格尔断裂（F_5）。卡拉先格尔断裂又称可可托海 – 二台断裂。断裂走向 345°~350°，倾角 70°~85°，延长约 170km。断层性质属平移 – 正断层，具两期以上的错动，水平断距达数千米，导致断层两盘产生明显的差异升降和水平位移，破碎带宽 100~500m。断层切割了元古界、奥陶系、志留系、泥盆系和下石炭统地层。沿断裂带有海西期晚期花岗岩侵入，近期沿断裂常有地震发生。

2.3.3 逆冲－推覆构造

地球物理资料表明，阿尔泰造山带南缘在壳中存在的三个地震 P 波反射界面可能反映了壳内薄片状构造的滑动面，其中在地壳 10km 深处的滑脱面构成了造山带内的主滑脱构造，它控制了区内五个大型推覆体的形成和发展格局，这五个大型推覆体由南向北依次为：额尔齐斯推覆体、克兹加尔－特斯巴汗推覆体、阿巴宫－库尔提推覆体、巴寨推覆体和红山嘴－库热克特推覆体（刘顺生等，2003）。

2.3.3.1 额尔齐斯推覆体

额尔齐斯推覆体呈狭长带状分布，宽度 7～15km。北界为克兹加尔－玛尔卡库里断裂，南界为额尔齐斯主断裂。推覆体内部发育一套强烈变形的火山岩－沉积岩，其变形组构具典型的深层次韧性变形特征。在萨勒巴斯地区发育一套与透入性劈理倾向相同的倒转递增变质带：绢云母绿泥石带、角闪－阳起石带、黑云母－铁铝榴石带、硅线石带、混合岩－混合花岗岩带（廖启林等，2000），反映了地壳中大型冲断推覆体构造带典型的变形和变质特征。额尔齐斯断裂和夹持于它们之间的推覆体一起构成了阿尔泰山的基本构造格局。

2.3.3.2 克兹加尔－特斯巴汗推覆体

克兹加尔－特斯巴汗推覆体规模较小，位于额尔齐斯推覆体北侧。被卡拉先格尔断裂带切成两段。滑脱面总体呈北西向延伸，主断面倾向北东，劈理化、片理化、糜棱岩化十分发育。克兹加尔－特斯巴汗推覆体主要由志留系－下泥盆统和海西中晚期中酸性岩体组成。西段次级冲断裂发育，吐尔洪沙特韧性剪切带就发育在推覆体南缘靠近滑脱面处。显示推覆体是从地壳较深层次（10～15km）推到地表的。东部尖灭于富蕴县城附近。

推覆距离自西向东增大，东段切割并掩盖额尔齐斯等推覆体和额尔齐斯俯冲－断裂带，最大推覆距离大于 50km。东段推覆体之下可能是寻找喀拉通克型铜镍钴矿床的潜在部位。

2.3.3.3 阿巴宫－库尔提推覆体

阿巴宫－库尔提推覆体位于阿尔泰山前地区，南界为克兹加尔－特斯巴汗推覆体，北界为巴寨推覆体。长度超过 150km，中部较窄，西部和东部较宽，向东推覆体被卡拉先格尔断裂带切成两段。推覆体主要由下泥盆统中－酸性火山岩和晚古生代花岗质岩体组成，逆冲推覆于中泥盆统阿勒泰镇组之上。滑脱面走向北西－北西西，倾向北东，倾角 60°～80°，向深部倾角逐渐变小，最终与深部的主滑脱面交汇。带内 NW 向次级逆冲断裂发育，岩石碎裂岩化、劈理化、压扁作用均较强烈。

2.3.3.4 巴寨推覆体

巴寨推覆体南界为大桥－巴寨－恰尔沟－拜成冲断裂，卡拉先格尔断裂以西，巴寨推覆体以志留系地层和海西期花岗岩为主体。卡拉先格尔断裂以东，出现变质基底岩系。

2.3.3.5 红山嘴 - 库热克特推覆体

红山嘴 - 库热克特推覆体南界为红山嘴 - 库热克特冲断裂带，发育于哈龙复背斜的 NE 翼，大规模的推覆作用发生于早古生代 - 晚古生代早期。

2.4 岩浆活动

2.4.1 侵入岩

区内侵入岩以中 - 晚加里东期和海西期花岗岩为主，按成因类型可分为：S 型、I 型、A 型和未分型（N 型）四种类型。根据花岗岩类时代、类型和产出特征，阿尔泰地区由北而南可分为三个花岗岩（侵入岩）带：诺尔特 - 库马苏 - 土尔根岩带、苏木达依里 - 哈龙 - 青河岩带、哈巴河 - 阿勒泰 - 富蕴岩带。各岩带的分布及岩性特征见表 2 - 2。

表 2 - 2 侵入岩岩带分布特性表

岩带	范围	时代	岩 性	类 型
诺尔特 - 库马苏 - 土尔根岩带	南以红山嘴断裂为界，北至中蒙边境	海西中期	中粗粒花岗岩、中粒似斑状黑云母花岗岩	S 型花岗岩（$\gamma_4^2 S$）
		海西晚期	细粒黑云母花岗岩、中细粒二云母花岗岩、花岗斑岩和石英斑岩	S 型花岗岩类（$\gamma_4^3 S$）花岗斑岩类（$\upsilon\pi_4^3 S$）
苏木达依里 - 哈龙 - 青河岩带	阿尔泰哈龙 - 青河加里东隆起带的范围	加里东期	混合花岗岩、片麻状黑云母花岗岩、黑云母斜长花岗岩（$\gamma_3^2 S$）、斜长花岗岩、花岗闪长岩、石英闪长岩、英闪岩、黑云母石英闪长岩、闪长岩（$\gamma_4^3 I$）	S 型和 I 型花岗岩
		海西期	片麻状黑云母花岗岩、黑云母斜长花岗岩、中粗粒似斑状黑云母花岗岩、似斑状黑云母花岗岩、二云母花岗岩、细粒花岗岩、白云母花岗岩、含绿柱石天河石花岗岩	S 型花岗岩类（$\gamma_4^1 S$）S 型花岗岩类（$\gamma_4^2 S$）S 型花岗岩类（$\gamma_4^3 S$）
哈巴河 - 阿勒泰 - 富蕴岩带	南界额尔齐斯断裂，北界阿巴宫断裂与海流滩断裂	海西早期和海西晚期	片麻状黑云母花岗岩、黑云母斜长花岗岩、中粒似斑状黑云母花岗岩、混合花岗岩、二云母花岗岩、白云母花岗岩、斑状黑云母花岗岩	克兰 S 型花岗岩
		海西中期和海西晚期	斜长花岗岩、花岗闪长岩、黑云母花岗岩、片状麻状角闪石花岗岩	额尔齐斯 I 型花岗岩

（据新疆维吾尔自治区人民政府国家 305 项目办公室，2000 年。）

2.4.2 火山岩

阿尔泰地区内火山活动始于晋宁期，加里东期逐步加强，至海西期达到极盛，晚石炭世以后渐减弱，但第三纪仍有弱的火山活动（表 2 - 3）。

表 2 - 3　阿尔泰南缘火山活动地质特征及旋回划分

火山活动旋回	地层		主要岩性	
	系	统	阿勒泰地区	北准噶尔地区
喜马拉雅期	E		基性熔岩	
海西晚期	P	P_1		中 - 酸性熔岩，火山碎屑岩
海西中期	C	C_2		中 - 酸性熔岩，火山碎屑岩
		C_1	中基性 - 酸性熔岩，火山碎屑岩	
海西早期	D	D_3	中酸性熔岩	中酸性熔岩，火山碎屑岩
		D_2	酸性熔岩，火山碎屑岩，夹少量基性熔岩	中基性 - 酸性熔岩，火山碎屑岩
		D_1	基性、酸性熔岩，火山碎屑岩（双峰式火山岩）	中基性熔岩，火山碎屑岩
加里东晚期	S	S_3	中酸性 - 酸性熔岩	中性熔岩，火山碎屑岩
		S_2	中酸性 - 酸性熔岩	中性熔岩，火山碎屑岩
加里东中期	O	O_3	中酸性熔岩，火山碎屑岩	中基性熔岩，火山碎屑岩
晋宁期	AnZ		中酸性火山岩，少量基性熔岩	

（据董永观等（2002）、王京彬等（1998）资料修改。）

　　前加里东期火山岩见于元古界克木齐群和富蕴群中，现已变质为混合岩、片麻岩、结晶片岩。原岩为基性火山岩及酸性、中酸性火山岩，属于以中酸性火山岩为主的玄武 - 流纹岩组合。

　　加里东期火山岩主要出现在中 - 晚奥陶世与中 - 晚志留世，火山活动以酸性溢流为主。阿尔泰白哈巴群（O_3b）下部有厚达近千米的石英斑岩及凝灰岩。

　　海西早期火山岩是区内火山活动的极盛时期。该期火山活动强烈而频繁，火山岩发育，持续时间较长，自早泥盆世至早二叠世。但最强活动时期是早、中泥盆世，其次是早石炭世。泥盆纪火山岩在阿尔泰南缘及诺尔特一带极为发育，可分为麦兹 - 冲乎尔、阿舍勒及乔夏哈拉 - 老山口三个火山岩亚带。麦兹 - 冲乎尔亚带含火山岩的地层为康布铁堡组和阿勒泰组。前者以流纹 - 英安质为主，含有细碧岩 - 石英角斑岩组合的火山岩；后者的火山岩仅见于局部地段，如阿勒泰市骆驼峰一带分布的枕状构造的玄武岩。阿舍勒亚带火山岩产于阿舍勒组中，以英安质和玄武岩类组成的双峰式建造为主，是区内铜矿的主要控矿岩系。诺尔特火山岩带早、中泥盆世火山岩为安山岩 - 流纹岩组合，以中性火山喷溢为主，产于中泥盆世忙代恰群中。至晚泥盆世火山活动进入衰落时期。

　　石炭纪火山岩（海西中期）仅在诺尔特地区有少量分布，出现在红山嘴组中，为安山岩 - 流纹岩组合。二叠纪火山岩（海西晚期）为陆相喷发类型，见于北准噶尔地区。

二叠纪后，区内火山活动已基本终止。青河县西北喀拉乔侏罗系地层中出现第三纪苦橄玄武岩（胡霭琴等，1993），表明区内到新生代仍有微弱的火山活动。阿尔泰南缘的火山岩带可分为克兰大陆边缘裂陷型火山岩亚带（$D_1 - D_2$）、弧后盆地火山岩亚带（$D_3 - C_1$）和红山嘴陆内裂陷火山沉积岩亚带（$D_3 - C_1$）（董永观等，2002）。克兰火山岩亚带是阿勒泰金、铜、铅锌多金属成矿带发育的重要背景。早泥盆世中期，阿尔泰南缘处于初始裂解阶段，而早泥盆世晚期至中泥盆世末，阿尔泰南缘则处于强烈裂解阶段，形成了一套被动陆缘环境中的双峰式火山岩建造。自晚泥盆世至早石炭世，因阿尔曼太－准噶尔洋壳向 NW 俯冲于西伯利亚板块之下，形成喀拉通克火山弧，使本区成为弧后盆地火山岩亚带。阿尔泰山北东缘的红山嘴火山沉积盆地以中酸性喷发为主，是陆内拉张环境的产物。

2.5　变质作用

阿尔泰地区中生代之前的地层都遭受了不同程度的变质作用，变质程度普遍达到绿片岩～角闪岩相（刘顺生等，2003）。变质相带的分布明显受到地层时代、构造和原岩建造的控制，尤其区域动力热流变质表现得更为显著。

阿尔泰山海西造山带的区域变质作用导致了该区变质岩系的广泛分布。下泥盆统康布铁堡组（$D_1 k$）分布在克兰、麦兹、冲乎尔等火山盆地，常构成复向斜的两翼。康布铁堡组下亚组为黑云石英片岩、千枚岩、二云石英片岩、变质流纹岩、变质流纹质晶屑凝灰岩等夹变质砂岩。上亚组与下亚组和中泥盆统阿勒泰组整合接触，分为三个岩性段：第一岩性段（$D_1 k_2^1$）由变流纹质晶屑凝灰岩和变质流纹岩等组成，厚度 399～710m；第二岩性段（$D_1 k_2^2$）为绿泥石英片岩、变钙质砂岩、大理岩、变流纹质晶屑凝灰岩等，厚度 283～693m，为铅锌多金属矿的含矿层位；第三岩性段（$D_1 k_2^3$）为近火山口相的流纹质火山碎屑建造，厚度 459～1646m。区域变质作用主要有两期，第一期变质作用属区域低温动力变质作用，热流活动较弱、构造变形强烈，第二期变质作用属区域动力热流变质作用，形成典型的递增变质带为特征，造山作用主期热流活动强烈，伴随有构造变形和岩浆活动（徐学纯等，2005；郑常青等，2005）。造山带中发育一系列叠瓦状逆冲－推覆带，其构造变形、流体活动和演化是阿尔泰南缘金成矿的重要因素（赵志忠，2001；刘顺生等，2003；陈衍景等，2001；陈华勇等，2000；芮行健等，1993）。张翠光等（2007）通过对阿尔泰造山带低压型变质序列详细的岩相学及相平衡研究，获得黑云母带变质作用的温度为 445～550℃、变质压力 0.2～0.6GPa；石榴石带 480～566℃、0.54GPa±0.22GPa；十字石带 601℃±20℃、0.8GPa±0.25GPa；十字石－红柱石带 540℃±20℃、0.32GPa±0.05GPa；矽线石带 640℃、0.43GPa。臧文栓等（2007）通过富蕴－青河一带东段变形岩石的

X 光组构分析获得石英的变形深度为 $10 \sim 15km$，变形围压为 $250 \sim 400MPa$。

在额尔齐斯断裂以北地区的区域动力热流变质作用，大体可划分出哈龙－青河与阿勒泰－富蕴两个变质岩带。

哈龙－青河变质岩带位于阿巴宫断裂和阿拉图拜断裂以北，以广泛发育区域动力热流变质作用产生的递增变质带为特征，受变质的地层包括克木齐群、富蕴群及少量库鲁木提群和康布铁堡组。以哈隆、青河复背斜为中心，海西期的区域动力热流变质作用叠加于加里东期区域动力变质作用之上。变质相带可分为绿泥石－绢云母带、黑云母带、铁铝榴石带、十字石带、蓝晶石－矽线石带。

阿勒泰－富蕴变质岩带分布于额尔齐斯断裂以北、阿巴宫断裂以南的广大地区，呈北西变宽东南收敛的帚状，大体与哈隆－青河变质岩带平行。先后经历了元古代、加里东期区域动力变质作用和海西期区域动力热流变质作用。受变质的地层包括克木齐群、富蕴群、康布铁堡组、阿勒泰组、阿舍勒组、托克萨雷组及喀拉额尔齐斯组地层。变质相带也可分为绢云母－绿泥石带、十字石－蓝晶石带，属中低压角闪岩相。

总体上，阿尔泰地区的变质作用具有明显的块段性，在受断裂围限的不同块段具有不同的变质程度。

2.6 区域构造－成矿带

阿尔泰多金属成矿带内不同阶段的沉积建造、岩浆活动、构造活动及变形变质与成矿作用之间有着直接的成因联系。早中泥盆世陆缘拉张和晚泥盆世－二叠纪的俯冲－碰撞这两个不同的构造体制相应形成了与陆缘裂谷环境有关的成矿系统和碰撞成矿系统（王京彬等，1998）。阿尔泰造山带的形成过程经历了造山启动期、造山暂歇拉张期、主造山期和造山期后拉张期等四个发展阶段（李志纯等，2002）。根据构造演化和成矿作用的关系，新疆阿尔泰地区可分为四个构造—成矿带，自北向南为：

（1）诺尔特构造成矿带。诺尔特构造成矿带相当于诺尔特－库马苏海西期上叠陆内断陷火山沉积盆地的范围，南以红山嘴断裂为界，东与蒙德伦－萨格赛坳陷相连，向西延入俄罗斯尤斯蒂德坳陷。成矿带内主要为中－上泥盆统和下石炭统含碳陆源碎屑－火山岩建造，已有多金属矿（化）点多处，小型铅锌矿一处。该带工作程度低，是寻找与火山岩有关的多金属矿床和金矿床的有利区段之一。

（2）青河－哈龙构造成矿带。青河－哈龙构造成矿带相当于青河－哈龙复背斜的范围，西北为俄罗斯山区阿尔泰的霍尔宗－丘亚复背斜南翼，北侧与蒙古阿尔泰褶皱带相连。成矿带内为加里东－前加里东构造层的各种片岩、变粒岩。大理岩、片麻岩、混合岩和花岗岩基，是阿尔泰花岗岩和稀有金属－白云母伟晶岩带的主体，形成许多大型 Be、Nb、Ta、Li、Cs 综合矿床和白云母矿床，如可可托海、柯鲁木特、阿祖拜、齐伯岭等矿田。

（3）克兰河构造成矿带。克兰河构造成矿带北界以巴寨断裂与青河－哈龙构造成矿带相邻，南界为玛尔卡库里－克兹加尔－玛因鄂博断裂，西延与哈萨克斯坦境内的霍尔宗－萨雷姆格塔带相接。成矿带内主要为下泥盆统康布铁堡组、中泥盆统阿勒泰组与托克萨雷组、下－中泥盆统阿舍勒组的火山－沉积建造和陆源碎屑－碳酸盐岩建造。该带北部为四个斜列展布的火山沉积盆地，自西向东依次是阿舍勒盆地、冲乎尔盆地、克兰盆地、麦兹盆地，这四个盆地为克兰河成矿带内 Fe、Cu、Pb、Zn 矿化的主要产地。阿舍勒盆地为阿舍勒铜矿带所在地，克兰盆地产出铁木尔特铅锌（铜）矿、大东沟铅锌矿、阿巴宫铁矿，以及塔拉特铅锌矿等（图2－3），麦兹盆地产出可可塔勒铅锌多金属矿、蒙库铁矿等。

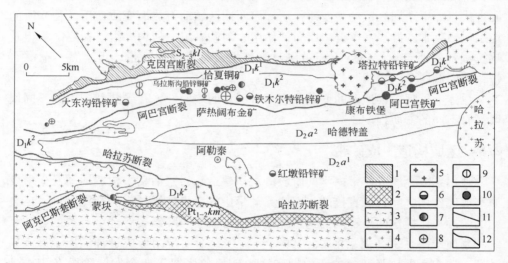

图2－3 克兰火山沉积盆地及矿床分布地质略图

（据新疆第四地质队1:5万区域地质矿产图，尹意求等（2005）资料修绘）

1—早古生代片岩类；2—混合岩类；3—混合岩化花岗岩；4—海西期花岗岩类；5—燕山期花岗岩；

6—铅锌矿床（点）；7—铜矿床（点）；8—金矿床（点）；9—金矿床（点）；

10—铁矿床（点）；11—区域性大断裂；12—地质界线；

D_2a^2—中泥盆统阿勒泰镇组上亚组；D_2a^1—中泥盆统阿勒泰镇组下亚组；D_1k^2—下泥盆统康布铁堡上亚组；

D_1k^1—下泥盆统康布铁堡下亚组；$S_{2-3}kl$—中上志留统库鲁姆提群；$Pt_{1-2}km$—元古代克木齐群

（4）额尔齐斯构造成矿带。额尔齐斯构造成矿带范围相当于额尔齐斯挤压带，为 Au－Cu、Ni－Fe 多金属成矿带。金的成矿与额尔齐斯大型脆韧性剪切有关，有多拉纳萨依、赛都、萨尔布拉克等金矿床产出。铜镍矿化与造山晚期挤压后松弛阶段侵位的基性杂岩体有关，如喀拉通克大型铜镍矿。在中泥盆统北塔山组中形成与玄武岩－玄武安山岩有关的火山岩型铜－金－磁铁矿矿床，如乔夏哈拉、老山口铜金矿等。

阿尔泰南缘多金属成矿带有色金属、贵金属、铁矿床典型矿床基本特征见表2-4。

表2-4 阿尔泰南缘成矿带典型的有色-贵金属-铁矿床基本特征

矿床	构造环境	含矿层位	矿物组合	蚀变组合	矿种	规模	成矿时代/Ma
阿舍勒铜锌矿床	阿舍勒火山沉积盆地	角斑质、石英角斑质火山碎屑岩和细碧质熔岩	黄铁矿、黄铜矿、闪锌矿、方铅矿	硅化、绿泥石化、绿帘石化、绢云母化	Cu：39.8万吨	大型	364±15（据李华芹，1998）
可可塔勒铅锌矿床	麦兹盆地$D_1k_1^3$火山沉积洼地	角斑质熔岩、角砾岩上的沉积碎屑岩、碳酸盐	方铅矿、闪锌矿、黄铁矿	矿下火山岩钾化、钠化，近矿层碳酸盐、硅化、绢云母化	Pb+Zn：455万吨	大型	402.2±2.4（火山碎屑岩U-Pb法）（丁汝福等，1999）
铁木尔特-恰夏铅锌、铜矿床	克朗盆地$D_1k_1^2$火山沉积洼地	角斑质熔岩、流纹质熔岩上的沉积碎屑岩	方铅矿、闪锌矿、黄铜矿、黄铁矿	矿下钾化、钠化矿层、硅化、黄铁矿化、绿泥石化、绢云母化	Pb+Zn：29万吨	中型	392.1～407.3（火山碎屑岩U-Pb法）
喀拉通克铜镍矿	额尔齐斯-玛因鄂博断裂南部	基性杂岩，地层为下石炭统那林卡拉组	黄铜矿、镍黄铁矿、磁黄铁矿	绿泥石、蛇纹石、碳酸盐	Cu+Ni：40.92万吨	大型	281±12 Sm-Nd法（据李华芹，1999）
萨热阔布金矿	克朗盆地$D_1k_2^2$火山岩上部及$D_1k_2^3$下部	凝灰质绿泥石片岩、钙质砂岩、凝灰岩	黄铁矿、方铅矿、闪锌矿、自然金、自然铋	硅化、绿泥石、绢云母化、石榴石，阳起石化	Au：9t	中型	黑云母Ar-Ar 213.5（秦雅静等，2012）
赛都金矿	额尔齐斯玛尔库下卡里剪切带	D_{1-2}中下泥盆统托克萨雷组砾岩、砂岩、灰岩、泥岩	黄铁矿、黄铜矿、磁黄铁矿、金矿物	硅化、钾化、钠化、硫化物化	Au：9.25t	中型	黑云母Ar-Ar年龄269.94(李光明等，2007)，绢云母Ar-Ar年龄289.2(闫升好等，2004)
萨尔布拉克金矿	额尔齐斯挤压剪切带	C_1n凝灰质砂砾岩、生物灰岩、泥岩、粉砂岩和凝灰质砂砾岩	毒砂、黄铁矿石英脉	硅化、钠长石化、碳酸盐化	Au：14.23t	中型	292±7 Rb-Sr法（据李华芹，1998）
蒙库铁矿床	麦兹盆地$D_1k_1^3$火山沉积盆地	角斑质-流纹质熔岩	石英、磁铁矿石英、磷灰石、磁赤铁矿	钠化、方柱石、石榴石、次透辉石化，阳起石、硅化	Fe：1.09亿吨	大型	晚于410，变质火山碎屑岩Rb-Sr法（据张建中，1987）；矽卡岩LA-ICP-MS锆石U-Pb年龄250（Wan et al.，2011）

（据丁汝福（1999）删改补充。）

2.7 阿尔泰及邻区成矿地质背景的研究进展

近年来阿尔泰及邻区的成矿地质－构造背景研究取得了一些关键性的进展（肖文交等，2006；朱永峰等，2007）。例如，胡霭琴等（2006）获得了阿尔泰青河县西南地区变质岩中英安岩质正片麻岩的 SHRIMP 锆石 U－Pb 年龄（281Ma±3Ma），主量和微量元素特征显示该片麻岩原岩可能形成于岛弧构造环境。又如，陈汉林等（2006）获得富蕴乌恰沟基性麻粒岩（原岩为岛弧构造环境形成的钙碱性玄武岩）四个样品中锆石 SHRIMP 年龄值（268Ma±5.6Ma）～（279Ma±5.6Ma），认为其原岩形成时代、变质作用发生的时代均在早二叠世中晚期。北疆石炭纪－早二叠世的构造－成矿事件的关键进展还有：西南天山早石炭世－晚二叠世硅质岩中放射虫的发现（李日俊等，2005）、高压－超高压和低压麻粒岩相变质事件、石炭世－早二叠世埃达克岩－高镁安山岩－富 Nb 玄武质岩组合、阿拉斯加型基性－超基性杂岩和大量的与俯冲相关的钙碱性岩浆活动与成矿作用、天山晚石炭世晚期蛇绿岩与岛弧火山岩等（肖文交等，2006）。这些新进展表明新疆北部在晚石炭世－二叠纪早期仍存在活动陆缘，很可能在晚二叠世仍然存在有一定规模的古洋盆及其相关的俯冲作用（肖文交等，2006），从而推论古亚洲洋构造域南部复杂增生造山作用最后结束于晚石炭世晚期～二叠纪。印支期的地质－成矿事件最近也被识别（朱永峰，2007），例如阿尔泰伟晶岩的一些年龄数据，包括大喀拉苏和小喀拉苏稀有金属矿床中白云母的 $^{40}Ar/^{39}Ar$ 坪年龄（248.4Ma±2.1Ma 和 233.8Ma±0.4Ma）（王登红等，2003）。可可托海伟晶岩 3 号脉边缘带的 Rb－Sr 等时线年龄（218.4Ma±5.8Ma），与其有成因联系的黑云母花岗岩和二长花岗岩的 Rb－Sr 等时线年龄分别为 248.8Ma±7.5Ma 和 247.8Ma±6.3Ma（Zhu et al.，2006）。

阿尔泰南缘与成岩成矿有关的重要同位素年龄研究进展还有：克朗盆地内阿巴宫铁矿区康布铁堡组地层中变质流纹岩的 SHRIMP 锆石 U－Pb 年龄为 412Ma±3.5Ma（柴凤梅等，2008），大东沟矿区康布铁堡组上亚组变质流纹岩 LA－ICP－MS 锆石 U－Pb 法年龄 388.9Ma±3.2Ma 和 400.7Ma±1.6Ma（耿新霞等，2012）；蒙库铁矿区斜长花岗岩体的 SHRIMP 锆石 U－Pb 年龄 400Ma±6Ma（杨富全等，2008），可可塔勒铅锌矿区黑云母花岗岩体的 LA－ICP－MS 锆石 U－Pb 年龄 401.8Ma±1.5Ma（董永观等，2012）；富蕴县附近额尔齐斯构造带中含石榴石黑云斜长片麻岩的锆石 U－Pb SHRIMP 定年 326Ma±6Ma（刘国仁等，2008）；阿巴宫铁矿北部片麻状花岗岩体的 SHRIMP 锆石 U－Pb 年龄 462.5Ma±3.6Ma 和 457.8Ma±3.1Ma（刘锋等，2008）。阿尔泰及邻区铜镍硫化物矿床（喀拉通克、黄山东、香山等）的 Re－Os 同位素年龄落在 298～282Ma（Mao et al.，2008）。萨热阔布金矿石英脉型矿石中黑云母 Ar－Ar 激光剥蚀年龄 213.5Ma±2.3Ma（秦雅静等，2012），乌拉斯沟多金属硫化物阶段蚀变白云母 Ar – Ar 年龄 219.41Ma ±2.10Ma 和 219.73Ma ±2.17Ma（Zheng et al.，2013），以及蒙库铁矿热液矽卡岩的 LA – ICP – MS 锆石 U – Pb 年龄 250Ma ±3Ma（Wan et al.，2011）。

另外，张翠光等（2007）通过对阿尔泰造山带低压型变质序列详细的岩相学及相平衡研究，获得黑云母带变质作用的温度为 445 ~ 550℃、压力 0.2 ~ 0.6GPa；石榴石带为 480 ~ 566℃、0.54GPa ±0.22GPa；十字石带 601℃ ±20℃、0.8GPa ±0.25GPa；十字石 – 红柱石带 540℃ ±20℃、0.32GPa ±0.05GPa；矽线石带为 640℃、0.43GPa 左右。以上数据有助于对成矿叠加改造特征的研究。

中亚造山带其他地区的成矿背景研究也取得了一些重要进展（Xiao et al.，2008）。Van der Voo 等（2006）对哈萨克斯坦东南伊利盆地石炭纪 – 晚二叠纪火山岩和沉积岩的古地磁研究表明，自晚石炭纪至晚二叠纪哈萨克斯坦天山 – 塔里木经历了世界上已知的最大规模的左旋构造运动。Xiao 等（2004）提出了南阿尔泰造山带古生代增生和会聚构造的新模型。Badarch 等（2002）则重新划分了蒙古地层，为中亚大陆显生宙以来构造演化提出了一些新证据。Yakubchuuk（2008）重新解释了中亚巨型拼贴带（Central Asian supercollage）自新元古代以来的构造演化。Kroner 等（2008）获得了一批哈萨克斯坦中亚造山带古生代岩浆弧的年龄数据，如与脉金矿床有关的花岗闪长岩 457.3 ~ 447.4Ma，而最年轻的花岗岩类可为 314.1Ma。吉尔吉斯斯坦天山加里东岩浆弧年代学和地球化学研究也有了进展（Konopelko et al.，2008）。何国琦和朱永峰（2006）通过新疆周边地区成矿带的对比研究，讨论了哈萨克斯坦的矿山阿尔泰带、中哈萨克斯坦的环巴尔喀什成矿区和中天山南部的 Au – Cu – Mo – W 成矿带等在中国境内的延伸问题和寻找具有同类成矿环境的区带所必须考虑的地质特征。

3 造山－变质环境中的脉状金铜矿化

徐九华 钟长华 单立华 张国瑞 王燕海 杨 蕊

3.1 概述

Groves 等（1998）认为造山型金矿床（orogenic gold deposits）这个术语强调了成矿的碰撞造山构造环境，金矿床可产出于所有地质时代的变质地体中，它们在时间和空间上与增生造山有关。过去称之为"中温热液脉金矿床"（Kerrich，1993）已不适合这类矿床，因为一些矿床成矿温度可远高于或低于 Lindgren 最初建议的中温范畴（200~300℃）。像"绿岩型金矿"、"浊积岩中脉型金矿"这样的常用术语也忽略了它们之间的相似性，但可作为造山型金矿床的次一级划分。Goldfarb 等（2001）系统总结了全球不同地质时代形成的造山型金矿床构造背景和成矿地质特征。在空间位置上，造山型金矿生成于板块汇聚带的绿片岩相变质带，形成深度范围大，为 3~20km，由上至下可分为"浅成带"（成矿深度 6km以内，成矿温度 150~300℃）、"中成带"（6~12km，300~475℃）、"深成带"（大于 12km，成矿温度超过 475℃）。在时间演化上，造山型金矿主要产于前寒武纪（2.8~2.55Ga 和 2.1~1.8Ga）和显生宙（650Ma 以后）。世界金矿的大部分资源都集中在造山型金矿中。我国的造山型金矿床主要分布于阿尔泰－兴蒙造山带（古生代），华北克拉通周边的胶东、秦岭－小秦岭、燕辽等地（中生代）。阿尔泰南缘的金矿床多产于造山－变质环境中，受 NW 向区域构造及变质岩系的控制。根据成矿期同位素年代学研究，阿尔泰南缘的金矿主要成矿时期为晚泥盆纪至晚二叠纪，这与阿尔泰造山带的形成时期基本一致。以下各节描述与本书流体包裹体研究有关的典型金、铜矿床。

3.2 萨热阔布金矿

3.2.1 地质概况

萨热阔布金矿位于新疆阿尔泰南缘的金－多金属成矿带内。区域性阿巴宫－库尔提断裂及克兰复向斜控制了克兰火山盆地内多金属矿产的分布，如铁木尔特铅锌（铜）矿、大东沟铅锌矿、萨热阔布金矿床和塔拉特－阿巴宫铅锌铁矿床等的分布（图 2－3）。矿带内出露的地层主要为中上元古界和上古生界泥盆系。下泥盆统康布铁堡组（$D_1 k$）为主要含矿地层，构成了麦兹和克兰复向斜构造的两翼。康布铁堡上亚组为一套酸性火山岩、火山碎屑岩和碳酸盐岩，与下亚组之间为断层接触，耿新霞等（2012）利用 LA–ICP–MS 锆石 U–Pb 测年法，获得矿区 2 件康布铁堡组上亚组变质流纹岩加权平均年龄分别为 388.9Ma ± 3.2Ma（MSWD = 3.3）和 400.7Ma ± 1.6Ma（MSWD = 1.3）。萨热阔布金矿床的矿体产于阿勒泰复向斜 NE 翼次级褶皱萨热阔布背斜的康布铁堡组上亚组第二岩性段中（图 3–1），岩性为绿泥黑云石英片岩和变凝灰岩等，石英脉型矿石中黑云母 Ar–Ar 激光剥蚀年龄 213.5Ma ± 2.3Ma（秦雅静等，2012）。压剪性的阿巴宫断裂和克因宫断裂控制了萨热阔布金矿南北边界，前者（南界）是康布铁堡组与中泥盆统阿尔泰镇组（D₂a）的分界线；而后者（北界）是康布铁堡组与志留系库鲁木提群的界线。容矿断裂裂隙在控矿构造内呈右行雁列状分布，与控矿断裂带呈小角度相交，具明显的多期活动特征。含金石英脉多次破碎，共轭节理发育，并被黄铁矿微细脉充填。

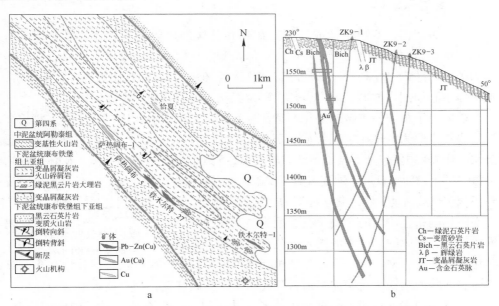

图 3–1　阿尔泰萨热阔布–恰夏–铁木尔特一带金（铜）矿床地质略图（a）和剖面图（b）
（据姜俊等（2003）修绘）

3.2.2　矿体特征

　　萨热阔布金矿的主要容矿围岩为一套原岩以晶屑凝灰岩、流纹质晶屑凝灰岩等为主的酸性火山岩、火山碎屑岩（附录 2 照片 1、2、3），后期遭受了区域变质作用，形成的岩石类型主要有黑云石英片岩、石榴角闪黑云片岩、电气黑云石英片岩、含矽线石黑云石英片岩等。由于近矿围岩蚀变，浸染状黄铁矿化、网脉状硅化、碳酸盐化很发育。黑云母、角闪石多为绿泥石交代，石榴子石、绿帘石等明显呈沿片理方向延长，石英晶屑发生旋转、颗粒两侧具压力影构造等，反映了矿化蚀变过程伴随强烈的构造应力作用。

已圈定5条透镜状或短脉状金矿体，产状45°~55°∠65°~80°，顺地层的层间剪切带展布，沿走向有分枝复合现象。矿石中金属矿物为：自然金、银金矿、黄铁矿、磁黄铁矿、黄铜矿、闪锌矿、方铅矿等；脉石矿物为：石英、钾长石、石榴石、方解石、萤石、绿泥石及黏土矿物等。金矿石类型主要有两种，即蚀变岩型和石英脉型。蚀变岩型包括含黄铁矿细脉、网脉的硅化绿泥黑云石英片岩型和含石榴石、阳起石、透闪石的黄铁矿化硅化蚀变岩型，前者为主要类型。石英脉型包括含浸染状黄矿化糖粒状石英脉型和产于绿泥黑云石英片岩中的石英细脉、网脉型，后者是组成矿体的主要部分。

3.2.3 蚀变和矿化

研究表明，一些蚀变（或变质）矿物在陡倾斜矿体的上下盘的发育情况有差别。例如，17线的3中段、4中段矿体两侧蚀变岩都有石榴子石存在；而5线（3中段）矿体下盘围岩发育较多的石榴子石，但上盘未见石榴子石。一般来讲，从矿体中心向围岩方向，绿帘石化、黝帘石化、方解石化逐渐减弱。

矿体上下盘围岩中金属矿化的特征也有区别，17线（3中段）矿体上盘的金属硫化物主要为黄铁矿、闪锌矿、黄铜矿，而矿体和下盘蚀变岩却出现较多的磁黄铁矿化，4中段也是下盘磁黄铁矿较发育；5线样品也有相似特点，矿体上盘均为黄铁矿化，而下盘近矿蚀变岩磁黄铁矿化发育。这种金属矿化的分带现象可能反映了含矿热液活动的物理化学环境的变化，下盘比上盘处于相对还原的环境。

萨热阔布金矿床的主要矿石类型为蚀变岩型和石英脉型。蚀变岩型包括含褐铁矿细脉、网脉的硅化绿泥黑云石英片岩型和含石榴石、阳起石、透闪石、褐铁矿化硅化蚀变岩型。含金石英脉型包括橘黄色赤铁矿化糖粒状石英脉型和含石英细脉、网脉的褐铁矿化绿泥黑云石英片岩型，均属贫硫化物石英脉型。

已发表的文献对萨热阔布金矿的矿物共生组合、矿石特征做了较多的研究，但是对于成矿阶段的划分尚无详细的资料，因而难以进一步认识该类金矿床的地质特征和成因机理。根据两类金矿石（蚀变岩型和石英脉型）的野外地质特征（彩图3-1）、手标本和显微镜下的矿物共生组合特点（彩图3-2），矿化大致有三个明显的热液成矿阶段：（Ⅰ）浸染状黄铁矿化－硅化阶段；（Ⅱ）黄铁矿－石英脉阶段，此阶段主要形成沿片理分布的顺层石英脉QⅠ、粗晶黄铁矿和浸染状黄铁矿，石英常被多金属硫化物和萤石等切穿；（Ⅲ）黄铁矿－多金属硫化物－石英阶段QⅡ，叠加在QⅠ之上，伴以黄铜矿、闪锌矿、方铅矿和磁黄铁矿等硫化物。金矿化与多金属硫化物阶段关系密切，主要金矿物为自然金（彩图

3-2c），该阶段还发育较多的自然铋（彩图3-2b）。

对镜下观察到的金属矿物进行了电子探针分析，首次在萨热阔布金矿鉴定出自然铋矿物（钟长华等，2005）（表3-1）。自然界自然铋的产出主要有两种情况：主要为高温热液矿床的产物，常与锡石、黑钨矿、辉铋矿、电气石和绿柱石等共生；在缺硫情况下，自然铋也可与方铅矿、黄铜矿等中温热液矿物共生。萨热阔布金矿床的自然铋主要产于黄铜矿、方铅矿脉中，常与方铅矿构成蠕虫状连晶，产于黄铜矿-绿泥石脉中。根据前人的矿石微量元素分析结果，含金石英脉中 Bi 含量可达 $22 \times 10^{-6} \sim 103 \times 10^{-6}$ 及 $22.3 \times 10^{-6} \sim 27.4 \times 10^{-6}$（丁汝福等，2001），晶屑凝灰岩、各类石英片岩中 Bi 也可达 $0.35 \times 10^{-6} \sim 7.02 \times 10^{-6}$，这些数字远远高于 Bi 的地壳元素丰度 0.0043×10^{-6}（黎彤，1976）或 0.17×10^{-6}（Taylor，1964），说明 Bi 元素在该区具有很大的富集系数，从而在缺硫的环境下形成较多的自然铋。

表3-1　萨热阔布金矿电子探针分析结果　　　　　　（%）

样品号 元素	Sr22（1）1 黄铜矿 质量分数	 摩尔分数	Sr22（1）1 自然铋 质量分数	 摩尔分数	Sr22（1）3 方铅矿 质量分数	 摩尔分数	Sr22（1）2 自然铋 质量分数	 摩尔分数	Sr22（1）5 自然铋 质量分数	 摩尔分数
Au	0.234	0.055	0.003	0.003	0.071	0.042	0	0	0.009	0.01
Ag	0.074	0.032	0.007	0.014	0	0	0	0	0.089	0.172
Bi	0	0	99.188	97.783	0	0	98.191	96.767	99.258	99.237
Te	0	0	0	0	0.051	0.047	0	0	0	0
S	34.834	50.383	0	0	13.906	51.191	0.28	1.8	0	0
Fe	30.299	25.158	0.584	2.156	0.222	0.469	0.349	1.288	0.092	0.345
Co	0.015	0.012	0	0	0	0	0.002	0.005	0	0
Ni	0	0	0	0	0	0	0.001	0.002	0.015	0.053
Cu	33.255	24.267	0.013	0.043	0.227	0.422	0.042	0.138	0.056	0.183
Pb	0.419	0.094	0	0	83.97	47.829	0	0	0	0
合计	99.13		99.796		98.447		98.865		99.518	

样品号 元素	Sr22（1）6 方铅矿 质量分数	 摩尔分数	Sr22（1）7 自然铋 质量分数	 摩尔分数	Sr22（1）8 方铅矿 质量分数	 摩尔分数	Sr22（1）10 自然铋 质量分数	 摩尔分数	Sr22（2）1 黄铜矿 质量分数	 摩尔分数
Au	0.006	0.004	0.113	0.116	0	0	0.072	0.076	0.016	0.004
Ag	0	0	0	0	0	0	0.078	0.152	0.043	0.019
Bi	0	0	98.987	95.614	0	0	98.485	98.521	0	0

样品号 元素	Sr22(1)6 方铅矿		Sr22(1)7 自然铋		Sr22(1)8 方铅矿		Sr22(1)10 自然铋		Sr22(2)1 黄铜矿	
	质量分数	摩尔分数	质量分数	摩尔分数	质量分数	摩尔分数	质量分数	摩尔分数	质量分数	摩尔分数
Te	0.141	0.129	0	0	0.049	0.045	0	0	0	0
S	14.108	51.298	0.048	0.302	13.428	49.482	0	0	34.509	50.329
Fe	0.15	0.313	0.54	1.95	1.224	2.589	0.233	0.871	30.087	25.191
Co	0	0	0	0	0	0	0	0	0.022	0.017
Ni	0.041	0.082	0.026	0.09	0.036	0.073	0.044	0.155	0	0
Cu	0.043	0.078	0.607	1.927	0.007	0.014	0.068	0.224	33.21	24.436
Pb	85.489	48.097			83.826	47.796	0	0	0.017	0.004
合计	99.978		100.321		98.571		98.98		97.904	

样品号 元素	Sr22(2)2 自然铋		Sr22(2)3 自然铋		Sr22(2)4 自然铋		Sr813(1) * 自然金		Sr813(2) * 自然金	
	质量分数	摩尔分数	质量分数	摩尔分数	质量分数	摩尔分数	质量分数	摩尔分数	质量分数	摩尔分数
Au	0.15	0.157	0.114	0.117	0.143	0.149	98.73		97.64	
Ag	0.018	0.035	0	0	0	0	1.22		1.27	
Bi	100.234	99.185	98.726	95.884	99.251	97.219	0.52		0.62	
Te	0		0		0					
S	0		0		0		0.10		0.14	
Fe	0.088	0.326	0.437	1.586	0.298	1.092	0.57		1.21	
Co	0		0		0		Zn 0.10		Zn 0.08	
Ni	0.035	0.122	0.019	0.066	0.006	0.022	—		Sb 0.05	
Cu	0.054	0.175	0.735	2.347	0.471	1.518	0.20		0.10	
Pb	0		0		0		—		—	
合计	100.578		100.03		100.17		101.43		101.11	

注：1. 中国科学院地质与地球物理研究所测试，测试人毛骞，测试条件：加速电压（ACC）20keV，样品电流（sc）10nA，仪器型号 EPMA-1500；

2. 带 * 者自然金在核工业北京地质研究院测试，测试人葛祥坤，仪器型号 JXA-8100 电子探针分析仪，执行标准《电子探针定量分析方法通则（GB/T 15074-2008）》。

3.3 恰夏铜矿床

3.3.1 地质概况

恰夏铜矿床称谓在前人文献中不一，如恰夏铜铁矿（阿不都热依木，2010）、恰夏铜矿（姜俊，2003；张海祥等，2008；闫新军和陈维民，2011）、恰夏金铜矿（丁汝福等❶，2006），其原因是从不同的勘查目标和工业利用角度出发，本书统一称为恰夏铜矿床。矿床位于克兰复向斜中段的北东倒转翼中，其中的次级褶皱发育，以紧闭的线型褶皱为主，褶皱轴走向均为 NW - SE，与主构造线一致。恰夏铜矿床主要含矿地层为下泥盆统康布铁堡组上亚组的第二岩性段（$D_1k_2^2$），为一套黏土质沉积和化学沉积浅变质岩夹流纹质和英安质火山碎屑沉积组成，主要岩性有绿泥石英片岩、大理岩、变钙质砂岩、绿泥变粉砂岩、英安质晶屑凝灰岩、流纹质晶屑凝灰岩，以及含磁铁石英岩和磁铁矿薄层或透镜体等。磁铁石英岩厚 2 ~ 16m，沿走向稳定，当铁的品位高时（平均 20.0% ~ 47.42%），圈出长 50 ~ 650m 铁矿体 16 条（阿不都热依木，2010）。

3.3.2　矿体特征

恰夏铜矿床圈出透镜状铜矿体 7 条，矿体长度 60 ~ 100m，宽 2.0 ~ 8.5m，沿走向有尖灭再现现象。矿体中铜品位 0.20% ~ 1.86%（阿不都热依木，2010）。矿体主要产于绿泥石英片岩、大理岩、变钙质粉砂岩和变凝灰质砂岩中（图 3 - 2）。地表铁帽中铜矿物主要为孔雀石，大面积分布。矿石中的金属矿物主要有黄铜矿、黄铁矿和磁铁矿等；脉石矿物主要有石英、绿泥石、方解石、绢云母和黑云母等。围岩蚀变主要是黄铁矿化、绢云母化。铜矿化类型主要有产于片岩、薄层似矽卡岩和磁铁石英岩中的浸染状铜矿化，以及脉状铜矿化。恰夏铜矿床中分布有伴生的金矿体，主要位于恰夏 12 ~ 30 线的 1 号矿体、52 线 2 号矿体、66 ~ 72 线区间 3 号矿体，矿化类型主要为磁铁石英岩型、石英脉（石英细脉）型，金品位分别为 1.02×10^{-6} ~ 6.4×10^{-6}、4.2×10^{-6}、1.2×10^{-6} ~ 3.6×10^{-6}。

3.3.3　矿化阶段

根据野外石英脉体产出特征、矿化蚀变特点，结合手标本和显微镜下的矿物共生组合关系，可以识别出两个矿化阶段：

（1）早期石英脉阶段（Q I）。早期石英脉阶段形成于区域变质时期，也是铜矿化的早期阶段，以顺层石英脉为标志（彩图 3 - 3a），石英脉白色 - 灰白色 - 浅黄色，厚度约几十厘米不等，不超过 1m，呈细脉状或透镜状（彩图 3 - 3b，附录 2 照片 4）沿围岩片理方向顺层产于变晶屑凝灰岩和变基性火山岩等变质岩中，属于同构造 - 变质的产物。石英脉的围岩有时糜棱岩化较强（彩图 3 - 3d），显微镜下见石英呈长条状、眼球状分布。黄铁矿呈星点状的产出于石英脉中，少

---

❶ 国家 305 项目专题报告：萨热阔布金矿带大型金矿定位预测研究，2006。

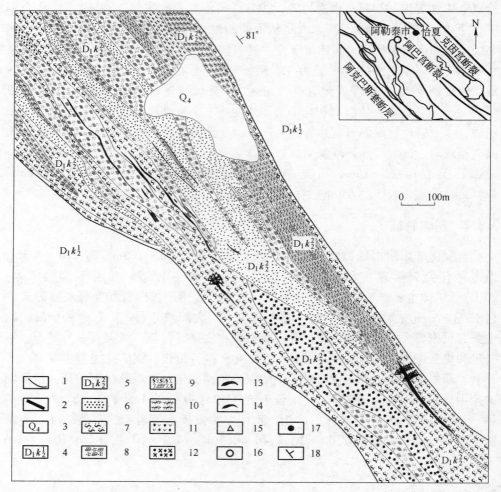

图 3-2　恰夏铜矿区地质简图（据新疆有色地勘局 706 队资料（2011）修绘）

1—地质界线；2—断裂；3—第四系；4—下泥盆统康布铁堡组上亚组的第一岩性段；
5—下泥盆统康布铁堡组上亚组的第二岩性段；6—变凝灰质砂岩；7—绿泥石英片岩；8—青灰色大理岩；
9—变凝灰质砂岩与大理岩；10—变流纹质晶屑凝灰岩；11—变英安质晶屑凝灰岩；12—变凝灰质砂岩
和绿泥石石英片岩；13—铜矿体；14—铁矿体；15—取样位置；16—城镇；17—矿点；18—产状

量赤铁矿，地表见褐铁矿化、孔雀石化（彩图 3-4a）。

（2）含铜黄铁矿-石英脉阶段（QⅡ）。含铜黄铁矿-石英脉阶段是主要的铜矿化阶段，以切层石英脉为标志（彩图 3-3c）。石英脉呈灰白色，与围岩界限清晰，地表因氧化常呈棕黄色，石英颗粒多呈糖粒状，常见厚层石英脉以一定角度斜切变钙质粉砂岩、绿泥石石英片岩和磁铁矿层等，与区域变质晚期构造作用由韧性剪切向脆性构造转换有关。黄铜矿主要以浸染状分布于石英裂隙中（彩

图 3 – 4b），因氧化淋失而呈蜂窝状空洞。

3.4 赛都金矿

3.4.1 地质概况

赛都金矿位于新疆阿尔泰哈巴河县，是额尔齐斯构造 – 成矿带西北段的典型金矿床。额尔齐斯深断裂带总体呈 NW310°绵延于阿尔泰南缘，东起中蒙边境，卡拉先格尔以东的南东段称玛因鄂博深断裂，向北西进入哈巴河县境内的称玛尔卡库里深断裂，再向北西进入哈萨克斯坦。额尔齐斯构造 – 成矿带实际上包括了阿尔曼太 – 萨吾尔岛弧带和克兰弧后盆地的部分地区。赛都金矿田的主矿段就位于玛尔卡库里剪切带及其派生的托库孜巴依剪切带之分叉处（图 3 – 3），韧性剪切变形带内岩石强烈片理化、劈理化及糜棱岩化，由数个次级的剪切带组成（陈华勇等，2002）。

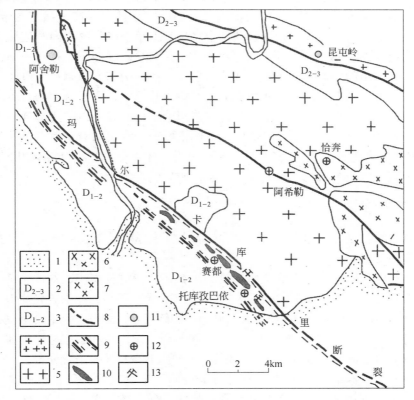

图 3 – 3　赛都金矿区地质略图（据程忠富和芮行健（1996）修绘）

1—第四系；2—中 – 上泥盆统；3—下 – 中泥盆统；4—花岗岩；5—斜长花岗岩；

6—辉绿玢岩及闪长玢岩；7—辉长 – 闪长岩；8—断裂带；9—剪切带及韧性剪切带；

10—金矿群及其编号；11—铜矿；12—金矿；13—采矿场

区内地层主要为中下泥盆统托克萨雷组沉积岩系，局部夹有少量火山岩，由于变形变质，岩石主要由石英绢云千枚岩、变砂岩等组成。哈巴河斜长花岗岩体大面积侵入，出露面积达 $800km^2$，其全岩 K – Ar 年龄为 284.4～277.3Ma，Rb–Sr 等时线年龄为 297Ma±11Ma（陈华勇等，2002）。

3.4.2 矿体特征

赛都金矿田共有四个金矿脉群，即 1 号、2 号、3 号和 4 号脉群。四个矿脉群均呈 SE – NW 向分布，与糜棱岩蚀变带分布一致，基本上呈等间距分布，与地表常见的石英脉群的雁形排列是一致的（彩图 3 – 5a）。早期石英脉伴生的韧性变形成因的黑云母 Ar – Ar 法坪年龄为 269.94Ma±2.54Ma（李光明等，2007），含矿蚀变岩中黑云母和白云母的 K – Ar 法的测年结果为（294.7Ma±3.5Ma）～(316.5Ma±3.2Ma)，含金蚀变闪长岩中白云母 K – Ar 年龄为 294.7Ma±3.5Ma（芮行健等，1993）。含金构造岩中的绢云母 Ar – Ar 年龄为 289.2Ma（闫升好等，2004）。

矿脉群总体上严格受韧性剪切构造带的控制，并且主要产于强变形带部位。矿体的总体走向与区域构造带的走向基本一致，但单个矿脉的走向与区域构造带有一定的夹角，一般为 10°～20°，矿脉一般更偏北；剖面上，矿体（矿脉群）表现为多层富集的特点。矿体膨大部位与矿体一致向南东方向侧伏，可能与含矿构造的正向剪切和走滑的双重作用有关。在 2 号脉群中，含金硫化物石英脉矿体多产于剪切带的中心部位或附近的脆性构造裂隙中，以剪切带的边部到中心，金的含量有增高的趋势。在 1 号脉群中，矿体主要产于一层间滑动面上盘的千糜岩内，其下盘为变砂岩；千糜岩本身就是矿（化）体，其主要矿体由细脉状和网脉状含金硫化物石英组成，离开了石英脉，矿化就越弱。

3.4.3 矿石特点

矿石自然类型分为原生矿石和氧化矿石，其中原生矿石又可分为含金石英脉型和含金蚀变岩型。

含金石英脉型矿石的主要金属矿物为黄铁矿，少量黄铜矿、磁黄铁矿、磁铁矿、赤铁矿、方铅矿、闪锌矿、白铁矿、辉钼矿、金红石等，在少数光片中可见到金矿物及碲化物，其中主要为自然金、碲金矿和碲铅矿。脉石矿物主要由块状石英组成，局部见有斜长石（可能为钠长石）、黑云母、绿泥石和碳酸盐聚集体，金属矿物在其中的分布很不均匀，局部呈团块状或斑点状聚集及浸染状分布。

蚀变岩型矿石的金属矿物主要也为黄铁矿，少量磁黄铁矿、黄铜矿、方铅矿、闪锌矿、辉钼矿等，矿物组合与石英脉型矿石基本一致。脉石矿物主要为原岩及其蚀变矿物，以石英为主，长石、绿泥石、绢云母、黑云母、碳酸盐等为次或少量；在蚀变的千枚岩中，石英较少，绿泥石、绢云母、黑云母较多，有的见碳酸盐、绿帘石等。

3.5 萨尔布拉克金矿

3.5.1 地质概况

萨尔布拉克金矿床位于富蕴县城西南约 32km 处，额尔齐斯构造成矿带的中东部。构造位置地处准噶尔盆地北东缘之喀拉通克岛弧带，北邻呈 NWW 向延伸的额尔齐斯构造挤压带的东段。矿床呈 NW 向带状展布，面积约 36km²。

矿区出露地层为下石炭统南明水组（C_1n），厚度近千米，主要为碳质砂岩、页岩、凝灰岩、凝灰质砂岩夹砾岩、灰岩的类复理石建造，属于滨海 – 浅海相碳酸盐岩 – 火山碎屑岩 – 火山建造。由于区域变质和动力变质作用，南明水组中碳质粉砂岩已变质成为糜棱岩化变质粉砂岩，凝灰岩变质成为浅变质晶屑凝灰岩、千枚状蚀变晶屑凝灰岩、糜棱岩化变晶屑凝灰岩和千糜岩化凝灰岩，而灰岩则变质成为糜棱岩化大理岩。萨尔布拉克金矿就产于南明水组内，金矿化主要发育于中部的中粗粒变晶屑岩屑凝灰岩、凝灰岩和凝灰质砂岩中（图 3-4）。南明水组下伏地层有下石炭统黑山头组（C_1h）中酸性火山碎屑岩系，中泥盆统北塔山组

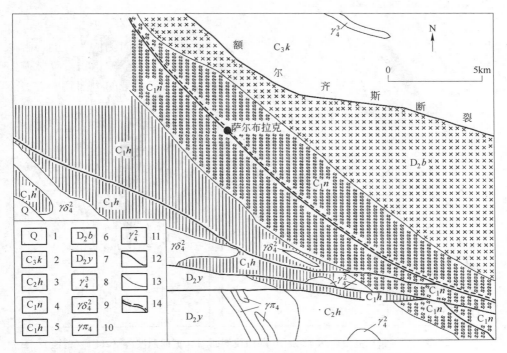

图 3-4　新疆萨尔布拉克矿区地质略图（据董永观等（1994）修绘）

1—第四系冲积卵石层；2—上石炭统喀拉额尔齐斯组；3—中石炭统哈尔加乌组；4—下石炭统南明水组；
5—下石炭统黑山头组；6—中泥盆统北塔山组；7—中泥盆统蕴都喀拉组；8—片麻状花岗岩；
9—花岗闪长岩；10—花岗斑岩；11—花岗岩；12—断层；13—地质界线；14—构造蚀变带

（D_1b）海相中基性火山岩系和中泥盆统蕴都喀拉组（D_1y）海陆交互相火山碎屑岩系。南明水组之上为中石炭统哈尔加乌组（C_2h）和上石炭统喀拉额尔齐斯组（C_3k）（董永观等，1994）。

3.5.2　矿体特征

　　萨尔布拉克金矿区共有 8 个矿体，编号为 Ⅰ、Ⅱ、Ⅳ、Ⅴ、Ⅵ、Ⅶ、Ⅷ和Ⅸ号矿体。矿体均赋存于南明水组中段地层中，严格受蚀变矿化带制约（彩图 3-5b）。赋矿岩石为变晶屑岩屑凝灰岩及变凝灰质细粉砂岩（彩图 3-5c），矿体与围岩以断层截然分开。矿体总体走向呈 NW-SE 向展布，多呈脉状、似层状、透镜状、囊状等（图 3-5），具有分枝复合、膨胀收缩等特征，一般长达几十到几百米，宽约几米到几十米，延深达数十米，个别矿体沿破碎带延深较大，并尖灭再现。矿体一般倾向西南，局部倾向北东，倾角一般 60°~70°（彩图 3-5d）。

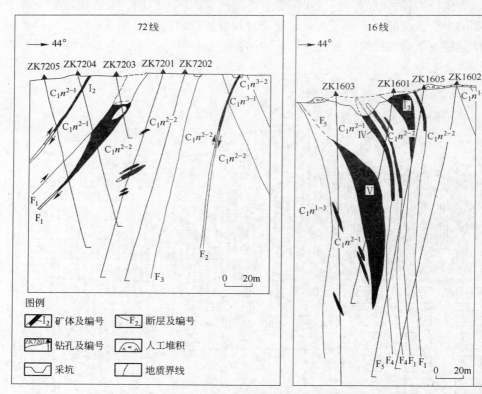

图 3-5　萨尔布拉克金矿床 72 及 16 勘探线剖面图（据何照波等（2007）修绘）

3.5.3　蚀变和矿化

　　矿区围岩蚀变发育、类型较多，有毒砂化、黄铁矿化、硅化、碳酸盐化等，其中毒砂化、黄铁矿化及硅化和金矿化关系密切。

毒砂化为金矿的主要蚀变之一，毒砂化越强，金矿化越强，金的品位就越高。在萨尔布拉克矿区的围岩中毒砂化较发育，显微镜下可见其产状多为颗粒状及针状浸染于围岩当中，个别晶体发育完整呈菱形晶形产出（图3-6a）。

黄铁矿化也是金矿主要蚀变之一，黄铁矿化越强，金的品位越高。含金石英脉或周边围岩中都有黄铁矿发育，浸染状分布，晶形完好，可见立方体晶形；黄铁矿也可沿碳质粉砂岩的层理、页理呈条带状或沿裂隙充填呈细脉浸染状分布（图3-6b）。

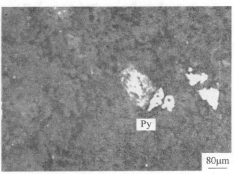

图3-6 萨尔布拉克金矿载金矿物镜下特征

a—网脉状石英脉 Q III 中菱形及针状毒砂（Apy），SL218（反光）；

b—网脉状石英脉 Q III 中黄铁矿颗粒（Py），SL218（反光）

硅化在矿区也较发育，与金的矿化关系密切，具有多阶段的特点。根据野外观察、手标本和显微镜下研究，热液石英包括：动力变质作用时期的重结晶石英 Q_0，颗粒较小；顺层产出的石英脉 Q_2，局部石英脉揉皱，强烈变形，镜下见碎斑，重结晶发育，在石英脉周围有黄铁矿颗粒产出；切层发育的石英脉 Q_3，与金矿化关系密切；以及呈网脉状产出的石英脉 Q_4，该期硅化为晚期热液沿着裂隙浸入形成的，也与金矿化关系密切。

3.6 本章小结

阿尔泰南缘造山-变质环境中的脉状金矿床及一些脉状铜矿化，具有造山型金矿的一些典型特征，主要特点有：（1）矿床产于区域性断裂的一侧，如额尔齐斯断裂、阿巴宫-库尔提断裂等，矿体受次级剪切带的控制，具体产在次级韧性剪切带在走向上由窄变宽的局部膨大部位；（2）含矿石英脉具有典型的"构造矿石"的特点，眼球状-透镜状石英或碎裂状脉石英发育；（3）具有低的硫化物含量，方铅矿、闪锌矿和黄铜矿等硫化物矿物少见，金属组合为 Au + Ag + As + Te；（4）具有强烈的中温硅化－黄铁绢英岩化组合和中低温绢云母化、绿泥石化、碳酸盐化等蚀变组合；（5）构造－成矿流体为富 CO_2 的低盐度 H_2O － $CO_2 \pm (CH_4 - N_2)$ 体系（详见第4、5章），由早期的富 CO_2 变质流体向晚期的富 H_2O 流体转化。

4 萨热阔布－恰夏脉状金铜矿化的富 CO_2 流体

肖 星 杨 蕊 徐九华 林龙华

4.1 概述

碳质流体是指无水的 $CO_2 - CH_4 - N_2$ 体系流体（Van den Kerkhof and Thiéry，2001）。纯 CO_2 流体包裹体常见于地幔来源的二辉橄榄岩和下地壳的麻粒岩中，CH_4 是低级变质岩中重要的挥发分，而富 N_2 包裹体则发现于榴辉岩中（Anderson et al.，1990）。脉金矿床中也发育较多的 $CO_2 - H_2O$ 包裹体，但它们往往由 $H_2O - CO_2$ 体系不同的 CO_2/H_2O 比例组成，并与水溶液包裹体共存。Schmidt et al.（1997）在加纳 Ashanti 成矿带金矿床观察到大量纯 CO_2 包裹体（$CO_2 \gg H_2O$）产出，而水溶液包裹体却非常少见，并认为这种流体可能代表了一种还未认识的新的成矿流体类型。加拿大红湖绿岩带的 Campbell - Red Lake 金矿床（Chi et al.，2007）、巴西北部的 Cararú 金矿床（Klein and Fuzikawa，2010）以及穆龙套金矿（Graupner et al.，2001；Wilde et al.，2001），都发现大量无水的碳质流体包裹体或纯 CO_2 包裹体。新疆阿尔泰南缘萨热阔布等金矿床主成矿阶段脉石英中也发现有大量碳质流体包裹体存在，改变了过去金矿床与海相火山沉积有关的成因认识。

4.2 萨热阔布金矿的流体包裹体

4.2.1 流体包裹体岩相学

萨热阔布金矿的脉石英中均有大量流体包裹体产出，矿床围岩和含金石英脉中的石英主要有 3 种产状：（1）原岩中的晶屑石英，产于晶屑凝灰岩、黑云石英片岩等岩石中，这些晶屑石英的边缘常被溶蚀，并伴有旋转、压力影等现象，反映了后期构造活动的影响；（2）原岩基质的细粒重结晶石英，为硅化产物；（3）矿化阶段的脉石英，包括黄铁矿－石英阶段的石英（QⅠ）和多金属硫化物阶段的石英（QⅡ）。细粒重结晶石英中仅有少量非常细小的流体包裹体。石英晶屑与脉石英中都含有丰富的流体包裹体，其类型、成分等有着明显的差别。

4.2.1.1 晶屑石英中的流体包裹体

石英晶屑是火山岩原岩残留矿物，以原生的盐水溶液包裹体（L－V型）和高盐度多相包裹体（L－V－S 型）为主。扫描电镜/能谱（SEM/EDS）成分分析表明，晶屑石英中多相包裹体的子矿物特征元素（除去寄主矿物的背景元素外，含量较高的元素）主要为 Ca－Mn－Fe 和 Al－K－Fe，次要的有 Cl－Na－(Fe，K)、Fe 和 Ti－Fe。据子矿物的形态特征，Ca－Mn－Fe 反映了方解石（或含铁锰的方解石）等碳酸盐子矿物的成分，Al－K－Fe 可能有云母类或长石类的子矿物存在，Cl－Na－(Fe，K) 则反映了 NaCl、KCl 等盐类（图 4－1）。石英晶屑内含子矿物的包裹体反映了在大陆边缘环境中，火山活动期间的流体富 Ca、K、Al、Cl 的特征。晶屑石英中还有沿裂隙分布的次生包裹体，其 $T_h = 116 \sim 166℃$，反映了后期热液活动的迹象。

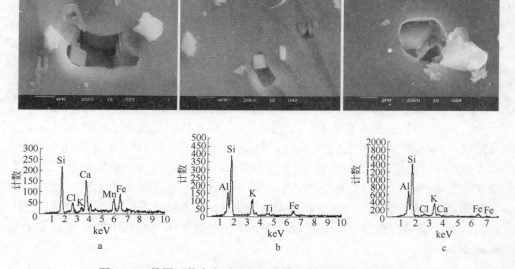

图 4－1　晶屑石英中含子矿物包裹体的 SEM/EDS 分析特征

a—方解石或铁锰方解石（Ca、Fe、Mn 高）；b—板状钾长石类子矿物（Al、K 高）；

c—板状子矿物（Al、K 高）

4.2.1.2　脉石英中的流体包裹体

重点研究了脉石英中的流体包裹体。脉石英可分为两种产状：一是含较少黄铁矿（有些氧化为褐铁矿）的早阶段脉石英（即黄铁矿－石英脉阶段的 Q I），一般产于变质片理的层间滑脱带，呈透镜状、短脉状顺层产出；二是与黄铜矿、方铅矿、闪锌矿等伴生的晚阶段脉石英（即黄铁矿－多金属硫化物－石英阶段的 Q II）。这些脉石英的包裹体特征与晶屑石英有很大区别，包裹体类型以单相碳质流体包裹体（L_{CO_2}、$L_{CO_2-CH_4}$ 或 $L_{CO_2-N_2}$）和 CO_2-H_2O 包裹体（$L_{CO_2-L_{H_2O}}$）为主，有少量含 CO_2 水溶液包裹体（包括 $L_{H_2O}-L_{CO_2}$ 和 $L_{H_2O}-V_{CO_2}$）和 CO_2 气态包裹体产出。详细特征参见表 4－1 和图 4－2。

表 4-1 萨热阔布金矿的流体包裹体测温综合表

标本号	采样位置	石英脉类型	包裹体产状	包裹体类型	大小/μm	T_{m,CO_2}/℃范围（数目）；均值	T_{h,CO_2}/℃范围（数目）；均值	$T_{h,tot}$/℃范围（数目）；均值
SR05	1号线	QI	FIA	L_{CO_2}	5~8	-58.3(4)；-58.4	6.7~7.8(4)L；7.2	
SR15	2中段，矿石堆	QI	FIA	L_{CO_2}	5~8	-57.0(5)；-57.0	20.4~20.8(5)L；20.5	
			FIA	L_{CO_2}	5~8	-57.0(8)；-57.0	4.2~10.5(8)L；5.6	
SR19	5号矿体	QI	FIA	L_{CO_2}	5~10	-56.5(3)；-56.5	7.6~19.2(3)L；14.3	
			FIA	L_{CO_2}	5~15	-59.5~-59.0(7)；-59.2	7.7~14.7(7)L；12.1	
SR21	3中段1470m，27线	QII	FIA	L_{CO_2}	6~15	-61.9	-33.7~-17.7(7)L；-26.1	
			FIA	L_{CO_2}	4~8	-60.5~-59.5(10)；-59.7	-23.5~-16.5(10)L；-20.9	
			FIA	L_{CO_2}	5~12	-62.5~-61.8(5)；-62.0	-32.5~-22.8(5)L；-30.4	
			Non-FIA，RD	L_{CO_2}	5	-56.5	-11.0	
				L_{CO_2}	5	-56.5	-6.5	
				L_{CO_2}	5	-56.5	-3.0	
				L_{CO_2}	8	-56.5	-2.9	
				L_{CO_2}	9	-56.5	-2.0	
SR22	3中段1470m，27线	QII	Non-FIA，Is	L_{CO_2}		-60.6	-22.8	
				L_{CO_2}		-60.6	-16.1	
SR5-6		QII	FIA	L_{CO_2}	3~10	-61.5~-61.2(5)；-61.4	-37.0~-32.7(5)L；-34.9	
SR4005		QII	FIA	L_{CO_2}	3~8	-61.5~-61.3(10)；-61.3	-15.7~-3.0(10)L；-6.3	
SR705-1	6中段1300m，17线	QI	FIA	L_{CO_2}	8~13	-58.7~-59.7(3)；-59.2	28.1~28.3(3)；28.3	
			FIA	L_{CO_2}	4~6	-59.6~-59.8(4)；-59.8	27.5~28.1(4)；27.7	

标本号	采样位置	石英脉类型	包裹体产状	包裹体类型	大小/μm	T_{m,CO_2}/℃范围（数目）；均值	T_{h,CO_2}/℃范围（数目）；均值	$T_{h,tot}$/℃范围（数目）；均值
SR705-2	6中段1300m，17线	QI	FIA	L_{CO_2}	3~9	-57.2~-56.9(5)；-57.0	28.7~29.4(5)；29.0	
			FIA	L_{CO_2}	4~5	-59.0~-58.0(8)；-58.6	27.8~29.0(8)；28.3	
			FIA	L_{CO_2}	3~7	-60.7~-60.0(3)；-60.5	31.0(3)；31.0	
SR706	6中段1300m，17线	QII	Non-FIA	L_{H_2O}-V	8			205
				L_{H_2O}-V	7			208
				L_{H_2O}-V	7			260
				L_{H_2O}-V	7			290
				L_{H_2O}-V	6			283
				L_{H_2O}-V	3			230
				L_{H_2O}-V	6			283
				L_{H_2O}-V	8			293
				L_{H_2O}-V	6			283
SR804	6中段1300m	QI	FIA	L_{H_2O}-V	10~13	(5)		287~293(5)W；290
SR805	6中段1300m，43线东	QII	FIA	L_{CO_2}-L_{H_2O}	6~13	-57.4~-56.2(6)；-56.9	25.3~31.3(6)C；28.4	
			FIA	L_{CO_2}-L_{H_2O}	10~25	-61.4~-60.8(6)；-60.8	12.0~25.4(6)L；20.9	283~299(6)W；286
SR806	6中段1300m，43线东	QII	FIA	L_{CO_2}-L_{H_2O}	5~20	-62.0~-59.7(9)；-60.6	10.5~22.6(9)L；17.9	270~330(9)W；310
			Non-FIA	L_{H_2O}-V	9			228
				L_{H_2O}-V	4			206
				L_{H_2O}-V	8			220
				L_{H_2O}-V	3			225
				L_{H_2O}-V	3			207
				L_{H_2O}-V	8			277
				L_{H_2O}-V	13			240
			FIA	L_{H_2O}-V	10~17			201~207(5)W；205

标本号	采样位置	石英脉类型	包裹体产状	包裹体类型	大小/μm	T_{m,CO_2}/℃范围（数目）；均值	T_{h,CO_2}/℃范围（数目）；均值	$T_{h,tot}$/℃范围（数目）；均值
SR809	6中段1300m，43线	QI	Non-FIA	$L_{H_2O}-L_{CO_2}$	10 8			330 374
			FIA		9.6~10.1			323~331（3）W；326
SR815	6中段1300m，43-45线之间	QII	Non-FIA	$L_{H_2O}-L_{CO_2}$	6 6			255 323
			FIA	$L_{CO_2}-L_{H_2O}$	3~10	-57.4~-58.9（8）；-58.1	26.2~28.3（8）；27.6	
SR818	6中段1300m，91线沿脉	QII	FIA	$L_{CO_2}-L_{H_2O}$	3~8			208~297（7）W；249
SR823	6中段，矿石堆	QI	FIA	$L_{H_2O}-L_{CO_2}$	4~12			227~300（8）W；259

注：1. 北京科技大学包裹体实验室测定，仪器为 Linkam 公司的 THMS600 冷热台，Linksys 软件控制。

2. 代号说明：FIA—包裹体组合；Non-FIA—非包裹体组合；RD—无序分布；Is—孤立分布；L_{CO_2}—碳质流体包裹体；$L_{CO_2}-L_{H_2O}$—CO_2-H_2O 包裹体；$L_{H_2O}-V$—水溶液包裹体；W—均一成水相；L—均一成液相；C—临界均一。

（1）碳质流体包裹体（L_{CO_2}、$L_{CO_2-CH_4}$ 或 $L_{CO_2-N_2}$）。当 CH_4、N_2 等其他挥发分极少时，即为纯 CO_2 包裹体（L_{CO_2} 型）。主要由液态 CO_2 相组成，室温下未见 H_2O 相，或见 H_2O 相呈很薄的膜在包裹体腔壁。该类包裹体在萨热阔布金矿大量出现，特别是在黄铁矿石英脉阶段（Ⅱ）的脉石英 QI 和多金属硫化物石英脉阶段（Ⅲ）的脉石英 QII 中。在石英颗粒中包裹体常成群随机分布，一般呈束状或在短的愈合裂隙产出，在岩相学上可以反映出包裹体组合（FIA，fluid inclusion assemblages）特征，代表了最细分的包裹体捕获事件的一组包裹体（Goldstain and Reynolds，1994；池国祥和卢焕章，2008）；有时包裹体沿排列方向被晚世代的萤石颗粒切断（图4-2），这些包裹体可能为原生成因。但也常见穿透石英颗粒边界具定向分布的碳质流体包裹体，它们为次生成因的 FIA，反映了后来的热液事件。碳质流体包裹体室温下常呈单一液相，有时透明度很好，与单相水溶液包裹体易混淆。

（2）H_2O-CO_2 包裹体（$L_{CO_2}-L_{H_2O}$ 型）。H_2O-CO_2 包裹体由液态 CO_2 和液态 H_2O 组成，H_2O 相充填度 20%~50% 不等。该类包裹体也常见于脉石英 QI 和 QII 中，出现几率比 L_{CO_2} 型小，且常与 L_{CO_2} 型伴生，两者无穿插关系，为原生

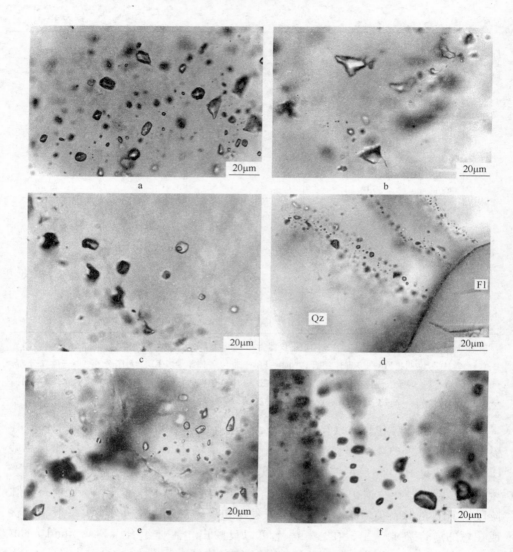

图 4－2　萨热阔布金矿的脉石英中包裹体镜下特征

a—黄铁矿－石英脉阶段脉石英 Q I 中呈面状分布的碳质流体包裹体群，样号 SR4005；

b—黄铁矿－黄铜矿石英脉 Q II 中呈束状分布的碳质流体包裹体，样号 SR21；

c—含矿石英中沿愈合裂隙分布的碳质流体包裹体和富 CO₂ 的 H₂O－CO₂ 包裹体，样号 SR03；

d—位于萤石（Fl）边界限于石英（Qz）内愈合裂隙的碳质流体包裹体，样号 SR25；

e—黄铁矿－黄铜矿－石英脉 Q II 中呈束状分布的碳质流体包裹体，样号 SR22；

f—黄铁矿－多金属硫化物石英脉 Q II 中呈束状分布的碳质流体包裹体，样号 SR4005b

包裹体。L_{CO_2}－L_{H_2O} 型包裹体的出现说明 CO₂ 流体含少量的 H_2O。

（3）盐水溶液包裹体（L_{H_2O}－V 型）。盐水溶液包裹体又分为两种情况：

1) 成群或线状分布但只局限于主矿物颗粒内的原生或假次生包裹体，H_2O 相充填度较小（60% ~ 80%），其出现几率也比纯 CO_2 要小得多；2) 沿微裂隙分布的次生包裹体，H_2O 相充填度大于 90%，T_h 较低，为 113 ~ 188℃，与晶屑石英中的次生包裹体 T_h 相当。

4.2.2 流体包裹体显微测温

4.2.2.1 碳质流体包裹体的显微测温特点

碳质流体包裹体的显微测温主要是通过冷冻法研究其相变特征。预设好的测温程序一般是快速冷冻（25 ~ 30℃/min）至 -120℃ 或更低，当固相出现并稳定后再回升温度，观察记录各相的变化情况。冷冻过程中，温度下降几摄氏度直至零下几十摄氏度会出现气泡（V_{CO_2}），包裹体密度越大，出现气泡的温度越低；一般情况下，过冷至 -95℃ 以下出现固相 CO_2（S_{CO_2}）（图 4-3）。回温过程中，固相 CO_2 的熔化温度（T_{m,CO_2}）有两种情况，一种为 $T_{m,CO_2} = -57.5 ~ -56.5℃$ 不含其他挥发分的纯 CO_2 包裹体，其 CO_2 相的均一温度（T_{h,CO_2}）在 +3 ~ +20℃ 之间变化，均一为液态 CO_2，有些为临界均一，密度一般为 0.85 ~ 0.89g/cm³；另一种包裹体的 $T_{m,CO_2} < -57.5℃$，有少量 CH_4、N_2 或 H_2S 等挥发分混入（Roedder，1984），T_{h,CO_2} 在 +6.7 ~ +18℃ 之间；多金属硫化物石英脉的包裹体 T_{m,CO_2} 更低，可达 -62.5 ~ -61.9℃（表 4-1），说明有较多的 CH_4 或 N_2 等其他挥发分存在，T_{h,CO_2} 也很低，为 -33.7 ~ -17.7℃，其密度高达 1.01 ~ 1.07g/cm³，这是一种典型的 $CO_2 ± (CH_4 ± N_2)$ 流体。

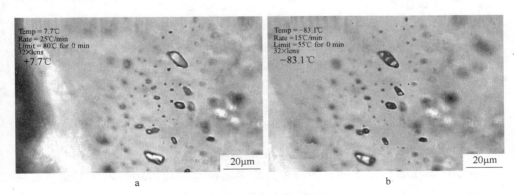

图 4-3 碳质流体包裹体冷冻特征

a— +7.7℃ 时，多金属硫化物石英脉中的纯液态碳质流体包裹体；

b— -83.1℃ 时，白色部分为固态 CO_2，深色部分为气态 CO_2，样品 SR15

流体包裹体组合 FIA 是研究变质流体的有效方法。研究表明，虽然不同的 FIA 其 T_{m,CO_2} 和 T_{h,CO_2} 变化范围较宽，反映了不同的捕获事件中流体的 $P - T - C$ 等条件波动较大，但在一个 FIA 内部，T_{m,CO_2} 和 T_{h,CO_2} 具有较窄的范围（图 4 – 4）。例如，Q I 样品 SR19c 的一组 FIA（碳质流体包裹体），其 T_{m,CO_2} 为 – 59.5 ～ – 59.0℃，T_{h,CO_2} 为 7.8 ～ 14.7℃（图 4 – 4b、图 4 – 4c）。多金属硫化物阶段的石英 QII 见有极低 T_{h,CO_2} 的碳质流体包裹体（图 4 – 5），如 SR21，其多个 FIA 的 T_{h,CO_2} = – 34.9 ～ – 20.9℃，在一组 FIA 内部，T_{h,CO_2} 相对集中（图 4 – 4f）。极低 T_{h,CO_2} 的碳质流体反映了很高的流体密度，根据 Shepherd 等（1985）的 T_{h,CO_2} 和 CO_2 相的关系图解，其流体密度可达 1.07 ～ 0.94g/cm³。由于 CH_4 等挥发分的存在，这个密度值还要再偏低些。

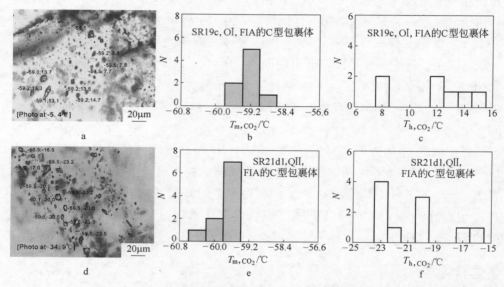

图 4 – 4 碳质流体包裹体 FIA 的显微测温特征

a—石英（Q I）颗粒中束状产出的碳质流体包裹体组合（FIA）（样品 SR19c）；
b，c—图 4 – 4a 中碳质流体包裹体的固相 CO_2 熔化点（T_{m,CO_2}）、CO_2 相部分均一温度（T_{h,CO_2}）直方图；
d—石英（QII）颗粒内以愈合裂隙产出的碳质流体包裹体组合（FIA）（样品 SR21d1）；
e，f—图 4 – 4d 中碳质流体包裹体的固相 CO_2 熔化点（T_{m,CO_2}）、CO_2 相部分均一温度（T_{h,CO_2}）直方图

4.2.2.2 H_2O – CO_2 包裹体的显微测温特点

该类包裹体中 CO_2 相部分的冷冻、均一特征与碳质流体包裹体和纯包裹体 CO_2 相似。低温下有 CO_2 水合物形成，其消失温度 + 8.6 ～ + 10.5℃。加热过程这类包裹体很容易产生破裂，获得一组均一温度 254 ～ 276℃（向 H_2O 相均一）。

QII 中的 H_2O – CO_2 包裹体和碳质流体包裹体 T_{m,CO_2} 比 QI 中的变化范围要大，并且数值更低（图 4 – 5a、图 4 – 5c），其值为 – 62.5 ～ – 56.5℃（12 组 FIA 和 9 组 Non – FIA），表明较晚的流体事件具有更高的 CH_4 或 N_2 成分（Roedder, 1984）。

显微测温的加热过程中，大部分 H_2O – CO_2 包裹体在未达到完全均一前就发

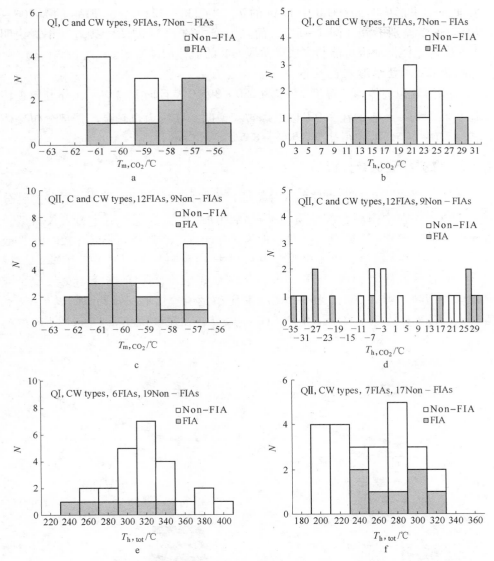

图4-5　萨热阔布金矿的脉石英中流体包裹体组合（FIA）和非 FIA 包裹体的固相
CO_2 熔化点（T_{m,CO_2}）、CO_2 相部分均一温度（T_{h,CO_2}）、完全均一温度（$T_{h,tot}$）直方图

a—QⅠ的 T_{m,CO_2} 直方图；b—QⅠ的 T_{h,CO_2} 直方图；c—QⅡ的 T_{m,CO_2} 直方图；

d—QⅡ的 T_{h,CO_2} 直方图；e—QⅠ的 $T_{h,tot}$ 直方图；f—QⅡ的 $T_{h,tot}$ 直方图

生爆裂，这是由于较高的内压力造成较大的内外压力差造成的，包裹体越大，越容易在未均一前发生爆裂（Bodnar，2003）。获得一些 CO_2-H_2O 包裹体的最终完全均一温度（$T_{h,tot}$）的数据，QⅠ中 FIAs 的为 243～343℃，非 FIAs 的为 266～395℃，非 FIAs 的 $T_{h,tot}$ 明显高于 FIAs 的（图 4-5e），说明 QⅠ形成后的流体

温度低于 QⅠ形成时的；QⅡ中 FIAs 的 $T_{h,tot}$ 为 230～328℃，非 FIAs 的为 206～328℃，两者差别不大（图 4-5f），而且与 QⅠ的 FIAs 的 $T_{h,tot}$ 接近，正好说明 QⅠ的次生流体活动很可能与主成矿阶段 QⅡ的流体活动有关。

4.2.2.3 盐水溶液包裹体

盐水溶液包裹体均一温度 T_h 多为 280～395℃，且向 L_{H_2O} 均一，部分包裹体呈临界状态均一，有的在 360℃以上爆裂，说明捕获压力也较高。据部分包裹体冰点 -2.0～-5.5℃，得盐度 3.0%～8.5% NaCl eqv。

4.2.3 激光拉曼探针分析

为进一步验证 CO_2 包裹体的成分特征，挑选典型样品进行了激光拉曼探针分析。测试工作在中国科学院地质与地球物理研究所拉曼探针室进行，仪器型号 Renishaw 公司 RM-2000 型，实验条件为 514nm Ar^+ 激光器，光谱计数时间 10s，$1cm^{-1}$ 全波段一次取峰，激光束斑 $1\mu m$。对于 T_{m,CO_2} = -57～-56℃的纯 CO_2 包裹体，在拉曼位移 1383.7～$1384.7cm^{-1}$ 处显示了清晰的 CO_2 谱峰，没有 CH_4 或其他烃类谱峰（图 4-6a、图 4-6b）。对于多金属硫化物-石英脉阶段 T_{m,CO_2} < -57℃的包裹体，除了显示清楚的 CO_2 谱峰外，在拉曼位移 $2911cm^{-1}$ 处还显示

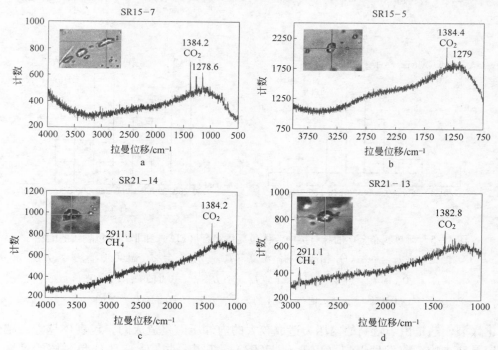

图 4-6 包裹体的激光拉曼探针分析谱峰图

（测试在中国科学院地质与地球物理研究所完成，图框上方为样品号，图框内照片中的包裹体为测试对象，十字丝交点处为激光所打的位置）

了清晰的 CH_4 谱峰（图 4 – 6c、图 4 – 6d）。这些结果印证了包裹体冷冻法实验过程所观察到的相变特征。

4.3 恰夏脉状铜金矿化的富 CO_2 流体包裹体

4.3.1 流体包裹体岩相学

样品来自恰夏铜矿床东段地表探槽、铜矿化点和恰夏沟铁矿化点，包括早期石英脉和含铜黄铁矿 – 石英脉两个阶段。从 43 件样品中挑选出不同的阶段的石英样品磨制光薄片 23 件，根据流体包裹体的显微镜下特征和冷热台下的相变特征，将包裹体分为 $H_2O – CO_2$ 包裹体、碳质流体包裹体和水溶液包裹体三类。

（1）$H_2O – CO_2$ 包裹体（WC 型或 $L_{H_2O} – L_{CO_2}$），约占所观察包裹体总数目的 90% 左右，进一步分为两相 $CO_2 – H_2O$ 包裹体（$L_{H_2O} – L_{CO_2}$）、三相 $CO_2 – H_2O$ 包裹体（$L_{H_2O} – L_{CO_2} – V_{CO_2}$）（图 4 – 7a、图 4 – 7b）。其中两相和三相 $H_2O – CO_2$ 包

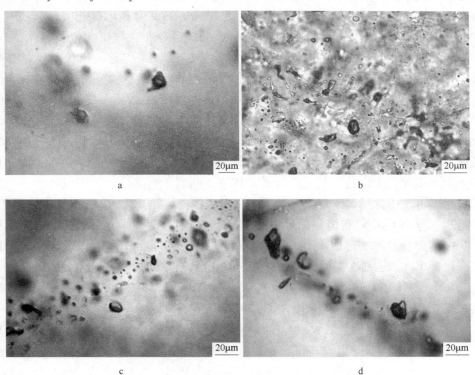

图 4 – 7 恰夏金铜矿床石英脉中 $CO_2 – H_2O$ 包裹体特征

a—透镜状石英脉 Q I 中孤立的 $CO_2 – H_2O$ 包裹体，QP – 6；

b—糜棱化蚀变岩的透镜状石英 Q I 中束状分布的富 $CO_2 – H_2O$ 包裹体和碳质流体包裹体，Q I 106；

c—糖粒状石英脉 Q I 中产于愈合裂隙内的碳质流体包裹体和 $CO_2 – H_2O$ 流体包裹体共存，Q I 110；

d—烟灰色石英 Q II 中沿愈合裂隙分布的碳质流体包裹体，Q I 103

裹体大小一般在 $3 \sim 20\mu m$，最大可达 $35\mu m$，CO_2/H_2O 体积比值约 $10\% \sim 90\%$，少数可达 95%。事实上，三相 $CO_2 - H_2O$ 包裹体只是其 CO_2 相部分均一温度较高，室温下液相 CO_2 和气相 CO_2 未达到均一而已。由于构造变形和后期抬升等地质作用，常见包裹体在自然条件下已破裂后留下的空腔。此类包裹体呈椭圆形、长条状或不规则状孤立或带状分布于石英脉的各个阶段中，但是此类包裹体很多在测温过程中发生爆裂而未能得到有效的均一温度。

（2）碳质流体包裹体（C 型），大小 $3 \sim 20\mu m$，有时达 $30\mu m$，数量较少，室温下呈单一相态，颜色比较暗，常呈定向排列或成群分布，但一般局限在切层石英脉的单个石英颗粒内（图 4 - 7c），应属假次生包裹体，即为原生成因；也存在与两相富 CO_2 型包裹体（$L_{H_2O} - L_{CO_2}$）共生的情况（图 4 - 7d），分布无规律性，同样为原生成因；另有一些呈定向排列并贯穿多个石英颗粒的碳质流体包裹体，其成因应为次生。

（3）水溶液包裹体（W 型或 $L_{H_2O} - V_{H_2O}$），室温下以气液两相形式存在，在数量上远远小于 $CO_2 - H_2O$ 包裹体，大小 $1 \sim 20\mu m$。包裹体气相充填度 $5\% \sim 50\%$，多呈椭圆形、不规则状，多呈定向排列成群分布，属于次生包裹体组合；有些样品可见两组互相穿插的次生包裹体组合，反映了构造 - 流体活动的多期性。水溶液包裹体加热后一般均一到液相，温度较低。

两个矿化阶段的包裹体特征有所区别，具体表现为：

（1）早期石英脉阶段（Q I）。此阶段包裹体数量多，个体较大，以 $CO_2 - H_2O$ 包裹体为主，包括两相 $CO_2 - H_2O$ 包裹体（$L_{H_2O} - L_{CO_2}$）、三相 $CO_2 - H_2O$ 包裹体（$L_{H_2O} - L_{CO_2} - V_{CO_2}$），其中以两相 $H_2O - CO_2$ 包裹体居多，CO_2 相与 H_2O 相的体积比变化较大，这可能由于成矿流体进入断裂扩容部位后，因温度 - 压力降低发生 $CO_2 - H_2O$ 局部不混溶，捕获了 CO_2 比例不同的流体造成的（卢焕章等，2004）。$CO_2 - H_2O$ 包裹体多呈孤立分布，部分包裹体呈面状或束状分布于石英颗粒内的愈合裂隙，形成 $CO_2 - H_2O$ 包裹体组合 FIA，也属原生成因。Q I 中存在次生的 FIA，包括次生的碳质流体包裹体 FIA，也有更晚的次生水溶液包裹体。

（2）含铜黄铁矿 - 石英脉阶段（Q II）。此阶段石英中也以 $H_2O - CO_2$ 包裹体为主，与早期石英脉阶段相比，此阶段只发现两相 $H_2O - CO_2$ 包裹体（$L_{CO_2} - L_{H_2O}$），且 CO_2 相比例也较大。此阶段可见碳质流体包裹体（L_{CO_2}），但是数量较少，线状分布，也可见其与两相 $H_2O - CO_2$ 包裹体（$L_{CO_2} - L_{H_2O}$）共生。碳质流体包裹体可为假次生（图 4 - 7d）或次生组合（图 4 - 7c）。水溶液包裹体（$L_{H_2O} - V_{H_2O}$）数量少，为次生组合，成群分布。

4.3.2　流体包裹体显微测温

显微测温实验在北京科技大学资源工程系包裹体实验室内进行，冷热台型号为 Linkam THMS – 600。冷热台采用液氮制冷，电炉丝加热，温度范围 – 196 ~ 600℃，测温过程由 Linksys 软件控制，CO_2 三相点（T_{m,CO_2}）、CO_2 相部分均一温度（T_{h,CO_2}）和 CO_2 笼合物熔化温度（$T_{m,clath}$）的测试精度为 ±0.1℃，完全均一温度（$T_{h,tot}$）的测试精度为 ±1℃。在详细的流体包裹体岩相学研究基础上，主要对 CO_2 – H_2O 包裹体测定了 CO_2 三相点温度、CO_2 笼合物熔化温度、CO_2 相部分均一温度和包裹体完全均一温度；对碳质包裹体测定了固相融化温度及 CO_2 相均一温度；对水溶液包裹体也测定了冰点和完全均一温度。共获得恰夏铜矿床顺层和切层石英脉中的包裹体显微测温数据 228 组。在包裹体盐度数据处理方面，CO_2 – H_2O 包裹体（L_{H_2O} – L_{CO_2}）盐度采用 CO_2 – H_2O 笼合物有关资料（Roedder，1984）求出，水溶液包裹体（L_{H_2O} – V_{H_2O}）采用 Hall（1988）公式和 Bodnar（1993）流体包裹体冷冻法与盐度关系表求出。两种石英脉的包裹体显微测温结果汇总于表 4 – 2，其主要特点如下。

表 4 – 2　恰夏铜矿床石英脉的流体包裹体测温综合表

样品号	石英脉类型	包裹体产状	包裹体类型	大小/μm	T_{m,CO_2}/℃范围（数目）；均值	$T_{m,clath}$/℃	T_{h,CO_2}/℃范围（数目）；均值	$T_{h,tot}$/℃范围（数目）；均值	备注
QI101	Q I	FIA	$L_{H_2O}-L_{CO_2}$	6~30	-61.5 ~ -59.7 (5)；-60.4		19.6~20.1 (5)；19.7		212~235℃ 爆裂
		FIA	$L_{H_2O}-L_{CO_2}$	8~15	-62.3 ~ -56.7 (4)；-59.8		25.0~27.0 (4)；26.4	234(1)	
		Non-FIA	$L_{H_2O}-L_{H_2O}$	1~15	-60.9	6.2	25.5		194~295℃ 爆裂
					-60.7	6.3	22.7		
					-56.6	6	24.3		
					-59.1	5.3	26.7		
					-59.7		20.1		
					-62.7		25.1		
					-59.7		25.6		
					-62.1		25.6		
					-58.6		26.5		
					-58.6		23.6		
					-58.7		9.7		
					-58.4		26.8		
QI102	Q I	FIA	$L_{H_2O}-L_{CO_2}$	10~15	-61.7 ~ -57.1 (4)；-58.5		26.1~29.2 (4)；27.4		
		FIA	$L_{H_2O}-L_{CO_2}$	10~20	-60.5 ~ -59.1 (6)；-59.4		25.7~28.2(6)；26.4		

样品号	石英脉类型	包裹体产状	包裹体类型	大小/μm	T_{m,CO_2}/℃范围（数目）；均值	$T_{m,clath}$/℃	T_{h,CO_2}/℃范围（数目）；均值	$T_{h,tot}$/℃范围（数目）；均值	备注
QI102	Q I	Non-FIA	L_{H_2O}-L_{CO_2}	10~20	-59.1 -58.4 -57.7 -56.9 -56.6 -59.7		26.1 27.6 28.1 28.5 30.0 28.5	275CV	
QI103	Q II	FIA	L_{H_2O}-L_{CO_2}	8~15	-61.4~-58.7（6）；-59.8	-1.7~4.4（6）	26.9~29.6（6）；28.5	238~259（6）W；249	
		FIA	L_{H_2O}-L_{CO_2}	8~15	-61.7~-58,1（3）；-60.0	2.7~4.4（3）	25.6~27.2（3）；26.3	246~251（3）W；249	
		Non-FIA	L_{H_2O}-L_{CO_2}		-64.2 -63.6 -60.7	3.6 1.8 2.4	26.8 27.3 27.9		
QI104	Q II	FIA	L_{H_2O}-L_{CO_2}	10~18	-63.2~-58.0（6）；-59.3	1.6~3.9（6）	27.2~29.4（6）；28.4	295~305（2）；300	
		Non-FIA	L_{H_2O}-L_{CO_2}	8~15	-61.5 -61 -61.3 — -61.9	5.5 4.2 4.6 4.9 —	27.8 25.8 25.6 27 26.2		
QI105	Q II	FIA	L_{H_2O}-L_{CO_2}	7~10	-67.9~-65.4（5）；-66.9		19.9~25.8（5）；23.9		263~310℃爆裂
		FIA	L_{H_2O}-L_{CO_2}	6~15	-69.3~-62.7（5）；-67.1		18.4~26.1（5）；22.7	248~358（4）W；340CV	
		Non-FIA	L_{H_2O}-L_{CO_2}	7	-63.6		27.4		
QI106	Q I	FIA	L_{H_2O}-L_{CO_2}	12~30	-58.5~-57.4（3）；-57.7	4.5~7.4（3）	28.5~30.5（3）；29.5	212（1）	185~222℃爆裂
		FIA	L_{H_2O}-L_{CO_2}	9~14	-58.2~-57.4（3）；-57.7		16.7~17.7（3）；17.3		

样品号	石英脉类型	包裹体产状	包裹体类型	大小/μm	T_{m,CO_2}/℃ 范围（数目）；均值	$T_{m,clath}$/℃	T_{h,CO_2}/℃ 范围（数目）；均值	$T_{h,tot}$/℃ 范围（数目）；均值	备注
QI106	QI	Non-FIA	L_{H_2O}-L_{CO_2}	7~20	-57.7		19.9	263.6	
					-57.6		27.1	300.7	
					-57.3				
					-57.4		24.2		
					-56		21.7		
					-57.4		23.9	238.5	
QI107	QI	FIA	L_{H_2O}-L_{CO_2}	15~25	-63.5~-62.7（3）；-63.0		27.0~29.2（3）；28.3	277（1）	
			L_{H_2O}-V_{H_2O}	7~25	-58.9		28.4	222	
					-60.5			201	
					-60.5				
					-59.3		28.1		
					-58.9		28.5		
							26.8		
					-59.0		26.0	270	
					-60.5		26.9	340	
					-61.2				
QI108	QI	Non-FIA	L_{H_2O}-L_{CO_2}	9~15	-59.7	4.8	26.6	298	
					-57.9	5.4	26.3	306	
					-59.0	5.0	27.0	298	
					-59.5	4.8	26.6	341	
		FIA	L_{H_2O}-L_{CO_2}-V_{CO_2}	6~25	-60.2~-58.2（7）；-59.3	3~6.7（6）	28.4~30.0（7）；29.2		
QP-2	QI	Non-FIA	L_{H_2O}-L_{CO_2}	7~25	-57.2	3.2	27.4	274	
					-59.7	-0.9	25.2		
								245	
								257	
						1.2		232	
					-58.6	2.4	26.7	239	
					-57.4	7.4	27.7	256	
						-1.9	25.4		
					-58.3		25.4	258	
		FIA	L_{H_2O}-L_{CO_2}±V_{CO_2}	8~15	-60.6~-58.6（4）；-59.5		18.9~27.5（4）；24.1		多数大于290℃爆裂

样品号	石英脉类型	包裹体产状	包裹体类型	大小/μm	T_{m,CO_2}/℃范围（数目）；均值	$T_{m,clath}$/℃	T_{h,CO_2}/℃范围（数目）；均值	$T_{h,tot}$/℃范围（数目）；均值	备注
QP-4	Q I	FIA	L_{H_2O}-L_{CO_2}	9~18	-61.2~-58.7（5）；-59.7		19.8~23.9（5）		多数大于192℃爆裂
		FIA	L_{H_2O}-L_{CO_2}	5~13	-61.8~-59.6（3）；-60.5		22.9~24.5（3）；23.7		
		Non-FIA	L_{H_2O}-L_{CO_2}		-58.5 -61.1 -60.7		28.2 27.3 -2.2 7.7		
QP-5	Q I	FIA	L_{H_2O}-L_{CO_2}±V_{CO_2}	7~20	-60.2~-57.4（5）；-58.9	3.9~7.6（5）	16.7~25.1（5）；21.9		260~304℃爆裂
		FIA	L_{H_2O}-L_{CO_2}	5~12	-62.9~-58.7（4）；-61.2		24.5~30.8（5）；27.9		
		Non-FIA	L_{H_2O}-L_{CO_2}	20~27	-60.7 -58.2		27.2		269~304℃未均一爆裂
QP-6	Q I	Non-FIA	L_{H_2O}-L_{CO_2}	16~30	-57.4 -59.2 -58.4 -59.1 -58.2	3.7 5.3 2.9 3.6 3.5	19.2 23.2 13.5 11 11.7		
		FIA	L_{H_2O}-L_{CO_2}±V_{CO_2}	8~25	-61.4~-58.2（4）；-59.3		18.4~24.4（4）；20.9		
		FIA	L_{H_2O}-L_{CO_2}±V_{CO_2}	10~15	-63.5~-57.1（5）；-60.9		18.2~22.7（5）；20.9		

样品号	石英脉类型	包裹体产状	包裹体类型	大小/μm	T_{m,CO_2}/℃范围（数目）；均值	$T_{m,clath}$/℃	T_{h,CO_2}/℃范围（数目）；均值	$T_{h,tot}$/℃范围（数目）；均值	备注
QP-7	Q I	FIA	L$_{H_2O}$-L$_{CO_2}$	9~15	-60.4~-57.4 (3)；-58.7		21.5~25.7 (3)；24.3	211~215 (3)；213	
		Non-FIA	L$_{H_2O}$-L$_{CO_2}$-V$_{CO_2}$	10	-61.8	6.6	25.9	221	
QP-8	Q I	FIA	L$_{H_2O}$-L$_{CO_2}$±V$_{CO_2}$	18~30	-59.2~-58.3 (5)；-58.7	4.2~5.5 (5)	26.2~29.0 (5)；25.2	223~224 (2)；223	
		FIA	L$_{H_2O}$-L$_{CO_2}$	15~25	-60.4~-58.3 (5)；-59.1	3.3~7.9 (5)	24.2~26.4 (5)；25.0	205~208 (2)；207	

注：FIA—包裹体组合；Non-FIA—非包裹体组合；RD—无序分布；Is—孤立分布；L$_{CO_2}$—碳质流体包裹体；L$_{H_2O}$-L$_{CO_2}$—H$_2$O-CO$_2$ 包裹体；L$_{H_2O}$-V$_{CO_2}$—水溶液包裹体；W—均一成水相；L—均一成液相；CV—均一成 CO$_2$ 相；C—临界均一。

（1）早期石英脉阶段中的包裹体。两相 CO$_2$-H$_2$O 包裹体（L$_{H_2O}$-L$_{CO_2}$）冷冻到 -30~-17℃时，从液相 CO$_2$ 中出现 CO$_2$ 气泡；两相和三相 CO$_2$-H$_2$O 包裹体冷冻到 -90℃以下，都发生液相 CO$_2$ 冷凝。升温过程观测各相变点，测得 CO$_2$ 三相点温度（T_{m,CO_2}）温度范围为 -63.0~-57.7℃（18 组 FIAs），及 -62.7~-56.6℃（55 个非 FIA 包裹体），说明 CO$_2$ 相含有一定的 CH$_4$ 或 N$_2$；CO$_2$ 笼合物熔化温度（$T_{m,clath}$）范围 2.3~9.5℃，集中于 2.8~6.4℃，对应的包裹体盐度为 6.7%~12.2% NaCl eqv；CO$_2$ 相部分均一温度（T_{h,CO_2}）范围 17.3~29.5℃（18 组 FIAs）及 7.7~29.2℃（55 个非 FIA 包裹体），均一时相态都为液相 CO$_2$；在测量包裹体完全均一温度（$T_{h,tot}$）过程中，近 3/4 的包裹体未均一就发生爆裂，爆裂温度集中于 240~345℃，测得非 FIA 包裹体均一温度范围 201~382℃，而少量 FIA 的包裹体 $T_{h,tot}$ 较低（图 4-8）。

少量水溶液包裹体（L$_{H_2O}$-V$_{H_2O}$ 型）的冰点温度（$T_{m,ice}$）范围为 -3.6~-0.5℃，对应的盐度为 0.9%~5.9% NaCl eqv，完全均一温度（$T_{h,tot}$）范围在 250~360℃。

（2）含铜黄铁矿-石英脉阶段中的包裹体。两相 CO$_2$-H$_2$O 包裹体（L$_{H_2O}$-L$_{CO_2}$型）冷冻到 -27~-17℃时出现气泡，冷冻到 -90℃以下液相 CO$_2$ 冷凝。升温过程测得 CO$_2$ 三相点温度（T_{m,CO_2}）范围为 -67.1~-59.3℃（5 组 FIAs 和 5 个非 FIA 包裹体），与 Q I 的相比，含有更多的 CH$_4$ 或 N$_2$；CO$_2$ 笼合物熔化温度（$T_{m,clath}$）范围为 2.7~9.2℃，对应的包裹体盐度为 7.8%~12% NaCl eqv；CO$_2$

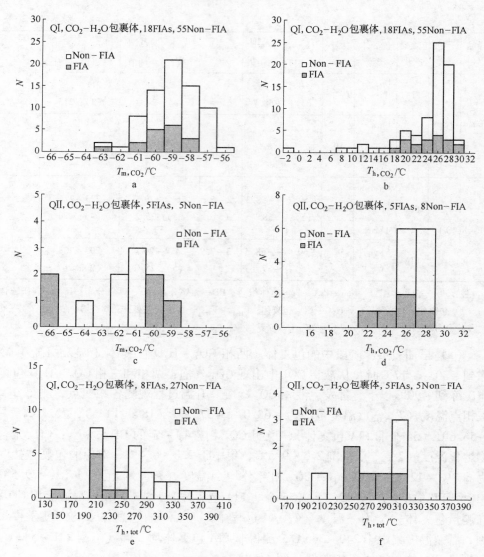

图 4-8 恰夏铜矿床两类石英脉（QⅠ、QⅡ）CO₂-H₂O 包裹体
（$L_{H_2O}-L_{CO_2}$）的 CO₂ 三相点（T_{m,CO_2}）、CO₂ 相部分均一温度（T_{h,CO_2}）
和完全均一温度（$T_{h,tot}$）分布直方图

a—QⅠ的 T_{m,CO_2} 直方图；b—QⅠ的 T_{h,CO_2} 直方图；c—QⅡ的 T_{m,CO_2} 直方图；
d—QⅡ的 T_{h,CO_2} 直方图；e—QⅠ的 $T_{h,tot}$ 直方图；f—QⅡ的 $T_{h,tot}$ 直方图

相部分均一温度（T_{h,CO_2}）范围为 22.7～28.3℃（5 组 FIAs 和 8 个非 FIA 包裹体），均一相态为液相 CO₂。CO₂-H₂O 包裹体大多数在未达到完全均一前发生爆裂，测得少量的完全均一温度（$T_{h,tot}$）范围为 207～365℃（5 组 FIAs 和 5 个非

FIA 包裹体）（图4-8f），均一到水溶液相。

　　该阶段碳质流体包裹体数量较少，冷冻到 $-25 \sim -16℃$ 时出现气泡，冷冻到 $-90℃$ 以下冷凝。只测到4组数据，$T_{m,CO_2} = -58.7 \sim -57.6℃$，稍低于纯 CO_2 包裹体三相点，可能含有其他气体成分；$T_{h,CO_2} = 9 \sim 9.7℃$，数据相对集中。

　　切层石英脉 QⅡ 中也有水溶液包裹体（$L_{H_2O} - V_{H_2O}$），其冰点温度（$T_{m,ice}$），范围为 $-6.9 \sim -0.6℃$ 之间，对应的水溶液盐度为 $1.1\% \sim 10.4\%$ NaCl eqv。均一温度（$T_{h,tot}$）范围为 $207 \sim 300℃$。

4.3.3　激光拉曼探针分析

　　为了解 $CO_2 - H_2O$ 包裹体的挥发分成分，分别在中国科学院地质与地球物理研究所拉曼探针室和北京大学地球与空间科学学院地质教学实验中进行了激光拉曼探针分析，测试仪器型号均为 Renishaw 公司 RM-1000 型。实验条件为 514nm Ar^+ 激光器，光谱计数时间 10s，激光束斑 $1 \sim 2\mu m$。

　　激光拉曼成分分析结果表明，产于绿泥片岩中的早阶段透镜状黄铁矿石英脉（QI108c）、晚阶段烟灰色黄铁矿化石英脉（QI103）和含星点状黄铁矿的石英脉（QI111）等样品中 $CO_2 - H_2O$ 包裹体的挥发分主要为 CO_2（图4-9），在激光拉

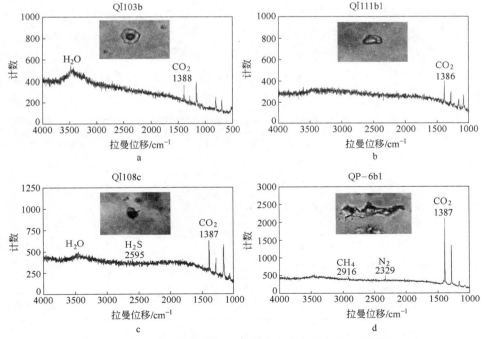

图4-9　恰夏金铜矿床 $CO_2 - H_2O$ 包裹体激光拉曼探针谱峰图

（QⅠ103b、QⅠ111b1 和 QⅠ108c 为原生 $L_{CO_2} - L_{H_2O}$ 包裹体 CO_2 相，

QP-6b1 为次生 $L_{CO_2} - L_{H_2O}$ 包裹体的 CO_2 相）

曼位移处 1386cm⁻¹ 和 1280cm⁻¹ 附近显示非常清晰的 CO_2 谱峰，有些含一定量的 H_2O。产于绿泥片岩中早阶段透镜状石英脉（QP－6）中的次生 CO_2 包裹体除较高的 CO_2 外，还检出 N_2、CH_4 等气体。

4.3.4　流体压力估算

据前述包裹体显微测温结果，早期顺层石英脉中原生包裹体最低捕获温度（均一温度）集中在 223～280℃，切层的含铜黄铁矿－石英脉包裹体最低捕获温度集中在 230～310℃。流体的密度与流体的捕获压力关系很大，流体密度采用刘斌和沈昆（1999）公式及 Shepherd et al. (1985) CO_2 包裹体均一温度和 CO_2 相密度关系图解求出。结果表明早期顺层石英脉的流体密度为 0.82～0.90g/cm³，含铜黄铁矿－石英脉阶段的流体密度为 0.81～0.86g/cm³（杨蕊等，2013）。

本节根据显微测温中 CO_2 相部分均一温度（T_{m,CO_2}）或 CO_2 相密度，以及包裹体完全均一温度（$T_{h,tot}$）数据齐全的测点，利用 CO_2－H_2O 体系的 V－X 相图（Diamond，2001）先估算出 CO_2 摩尔分数，然后再利用 CO_2－H_2O 体系的 P－X 相图（Takenouchi and Kennedy，1964）估算出压力值。由于估算中采用的是均一温度，即最低捕获温度，所以估算的压力值为最小捕获压力（表4－3），其中早期顺层石英脉 Q I 的最低捕获压力为 100～129MPa，含铜黄铁矿－石英脉阶段流体的最低捕获压力为 140～175MPa，与区域上其他矿床估算的较低值范围相当。如果考虑流体中的盐度影响，按 10% NaCl eqv 估计，根据 Brown 和 Lamb(1989) 的 CO_2－H_2O－NaCl 体系带有等密度线和等温线的 P－X 相图，估算最低捕获压力为 300～350MPa，这些数据与区域上其他矿床估算的较高值范围相当（褚海霞等，2010；Xu et al.，2011）。

表4－3　恰夏铜矿床 CO_2－H_2O 包裹体最低捕获压力估算

样号	石英脉类型	T_{h,CO_2}/℃	$T_{h,tot}$/℃	CO_2 相密度/g·cm⁻³	最低捕获压力/MPa
QI101	早阶段矿化 Q I	26.9	235	0.71	129
QI102	早阶段矿化 Q I	27.6	264	0.7	108
QI103	晚阶段烟灰色矿化 Q II	26.9	251	0.71	140
QI104	晚阶段烟灰色矿化 Q II	26.2	313	0.71	170
QI105	晚阶段灰色矿化 Q II	24.6	340	0.73	175
QI106	糜棱岩中透镜状 Q I	23.9	240	0.74	125
QP－4	顺层透镜状 Q I	28.2	271	0.69	110
QP－2	褐铁矿化 Q I	27.4	274	0.70	100

4.4　萨热阔布金矿包裹体的微量、稀土元素

对萨热阔布金矿产出的大量 CO_2 包裹体的脉石英样品，应用热爆提取技术和

电感耦合等离子质谱（ICP - MS）方法对包裹体中的稀土元素组成进行了测定。送测样品要求和提取微量元素的预处理方法详见朱和平等（2001）的描述。实验仪器为 Finnigan MAT 生产的 Element 型等离子质谱仪，分辨率 300，RF 功率 1.25kW。主要实验条件为：样品气流速 1.04L/min，辅助气流速 0.96L/min，冷却气流速 14.0L/min，分析室真空 6×10^{-6}Pa。包裹体中 H_2O 和 CO_2 含量的气相成分分析在中国科学院地质与地球物理研究所进行，实验仪器为 RG202 四极质谱仪。

4.4.1 流体包裹体的稀土元素特征

阿尔泰萨热阔布金矿床的脉石英中流体包裹体的稀土元素组成具有以下特征：

（1）与已报道的造山型金矿床比较，石英流体包裹体中的稀土总量较高，脉石英 ΣREE（流体）$= 11.56 \times 10^{-6} \sim 204.86 \times 10^{-6}$，凝灰岩晶屑石英（SR01）包裹体的更高，$\Sigma REE$（流体）$= 845.35$（表 4-4、图 4-10）。而同一批测试数据中赤峰柴胡栏子金矿 ΣREE（流体）为 $6.81 \times 10^{-6} \sim 158.3 \times 10^{-6}$。流体中的高稀土含量，可能与流体的极富 CO_2 有密切的关系。

表 4-4 阿尔泰萨热阔布金矿 CO_2 流体稀土元素（经球粒陨石标准化）组成特征

CO_2 流体/球粒陨石	SR01	SR03	SR05	SR18	SR20	SR30	SR23 - 石英	SR23 - 萤石
La	397.5	52.8	113.8	6.1	15.0	83.6	23.7	12514.3
Ce	256.4	19.0	75.8	4.1	11.0	37.9	16.1	7229.3
Pr	280.9	22.9	69.4	3.7	10.6	52.1	15.0	8307.5
Nd	224.9	19.1	57.4	3.0	9.0	37.9	12.6	7503.3
Sm	171.1	14.5	45.8	2.6	8.2	23.4	11.6	6323.0
Eu	111.0	11.9	60.4	2.4	8.1	13.4	21.6	10006.7
Gd	136.0	15.0	38.4	2.2	7.9	12.3	12.7	6846.2
Tb	225.9	21.7	40.2	3.0	9.5	9.0	17.0	7788.6
Dy	322.4	35.3	49.2	4.1	14.7	8.7	22.6	8618.6
Ho	240.7	27.5	33.7	2.7	9.9	4.8	16.0	6327.2
Er	239.0	28.8	31.9	2.2	7.2	3.2	13.2	4944.4
Tm	262.8	27.1	28.4	1.5	5.2	2.5	12.4	3121.6
Yb	309.8	31.5	29.8	1.7	4.2	2.5	10.9	2561.6
Lu	312.8	31.2	28.0	0.8	3.7	2.4	10.2	2323.6
$w_{CO_2 + H_2O}$	41.4×10^{-6}	57.8×10^{-6}	40.0×10^{-6}	56.5×10^{-6}	73.3×10^{-6}	55.5×10^{-6}	43.9×10^{-6}	32.9×10^{-6}

CO_2流体/ 球粒陨石	SR01	SR03	SR05	SR18	SR20	SR30	SR23- 石英	SR23- 萤石
流体∑REE	845.35× 10^{-6}	81.84× 10^{-6}	204.86× 10^{-6}	11.56× 10^{-6}	33.38× 10^{-6}	104.79× 10^{-6}	52.26× 10^{-6}	24777.68× 10^{-6}
LREE/HREE	2.18	1.82	4.01	3.18	2.57	12.56	2.21	2.82
$(La/Yb)_N$	1.28	1.68	3.82	3.61	3.56	33.41	2.17	4.89
$(La/Sm)_N$	2.32	3.65	2.49	2.35	1.83	3.57	2.04	1.98
$(Gd/Yb)_N$	0.44	0.48	1.29	1.32	1.88	4.90	1.16	2.67
δEu	0.72	0.81	1.43	0.98	1.00	0.75	1.77	1.52

（中国科学院地质与地球物理研究所和核工业部北京地质测试研究中心测。）

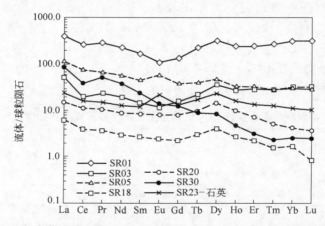

图4-10 阿尔泰萨热阔布金矿脉石英流体包裹体REE球粒陨石标准化配分模式

（2）脉石英流体包裹体的轻、重稀土分馏不明显，LREE/HREE一般为1.82～4.01，仅1件样品为12.56，这与地幔岩包裹体有些相似，橄榄石流体包裹体的LREE/HREE=2.13～17.96，辉石的仅为1.53～7.89（Xu et al.，2003；王丽君等，2002）。很多造山型金矿床的流体轻、重稀土分馏均较明显，玲珑-焦家式金矿的包裹体LREE/HREE=6.07～26.41（7件），乳山金矿的为11.62～29.59（3件，陈绪松等，2002）。这也可能与流体的极富CO_2有关。

（3）流体包裹体REE的轻稀土和重稀土内部分异不明显，$(La/Sm)_N$=1.83～3.57，$(Gd/Lu)_N$=0.44～4.9。这与其他金矿床已有的资料相同。

（4）流体REE无明显的Eu异常，δEu=0.72～1.77，与地幔岩辉石的CO_2流体极为相似，δEu=0.45～1.10，地幔橄榄石则具弱的负异常。而很多造山型金矿床则具有明显的Eu正异常，如赤峰柴胡栏子金矿，δEu=1.51～8.12，乳山金矿3.43～5.71，玲珑-焦家金矿1.05～7.09。

4.4.2 流体包裹体的微量元素特征

采用对 REE 同样的方法，对 ICP - MS 获得的微量元素进行了校正，求得包裹体水中的微量元素含量，然后再以上地幔丰度（黎彤，1988）进行标准化后作出微量元素分布蛛网图（图 4 - 11）。相对于上地幔丰度而言，成矿流体中微量元素有些明显地富集，而另一些则贫化。富集系数 K（流体中含量/上地幔元素丰度）大于 1 的元素主要为金属成矿元素，如 Cu、Zn、Mo、Cd、Se、Pb、W、Bi 等，它们在成矿流体中富集。这与金矿床的矿物共生组合是一致的，Cu、Pb 等常以黄铜矿、方铅矿等金属硫化物形式与金银矿物伴生，Bi 的大量富集，导致了自然 Bi 矿物的形成。富集系数小于 1 的元素有铁族元素 Ti、V、Cr、Co、Ni，它们在成矿流体中亏损，与金矿床的矿物共生组合中也吻合，几乎不存在这些元素的独立矿物。

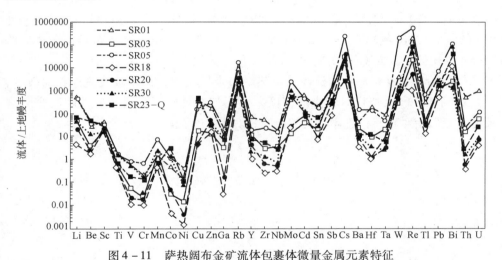

图 4 - 11 萨热阔布金矿流体包裹体微量金属元素特征

4.5 本章小结

（1）阿尔泰南缘二叠纪至早三叠世末的构造 - 变质 - 流体 - 成矿作用发育，是脉状金铜矿化的重要时期。主要表现为：1）产于韧 - 脆性剪切带地段白色 - 灰白色（硫化物）顺层石英脉（QⅠ），呈细脉状或透镜状产出，与变质片理产状一致；2）斜切黄铁矿化蚀变岩、层状铅锌矿和变质岩产状的黄铜矿 - 黄铁矿石英脉（QⅡ）。

（2）金（铜）石英脉的脉石英中包裹体发育，按室温下的相态主要有 3 类：1）无水的单相碳质流体包裹体（L_{CO_2}、$L_{CO_2 - CH_4}$ 或 $L_{CO_2 - N_2}$ 型），在早阶段石英中多在愈合裂隙中产出，在晚阶段石英中也见孤立或无序随机分布的；2）CO_2 -

H_2O 包裹体，包括两相 CO_2 – H_2O 包裹体（L_{CO_2} – L_{H_2O} 型）或三相 CO_2 – H_2O 包裹体（L_{H_2O} – L_{CO_2} – V_{CO_2}）；3）盐水溶液包裹体（L – V 型）。有时还见含子矿物的高盐度包裹体（L – V – S 型），在变形弱的早期石英中呈残留产出。

（3）不同的 FIA 其 T_{m,CO_2} 和 T_{h,CO_2} 的变化范围较宽，反映了不同的捕获事件中流体的 p – t – C 等条件波动较大，但在一个 FIA 内部，T_{m,CO_2} 和 T_{h,CO_2} 具有较窄的范围。萨热阔布金矿的碳质流体包裹体有两种情况，一种为 T_{m,CO_2} = – 57.5 ～ – 56.5℃ 不含其他挥发分的纯 CO_2 包裹体，其 CO_2 相的均一温度（T_{h,CO_2}）在 + 3 ～ + 20℃ 之间变化，均一为液态 CO_2，密度一般为 0.85 ～ 0.89g/m³。另一种包裹体的 T_{m,CO_2} < – 57.5℃，T_{h,CO_2} 在 + 6.7 ～ + 18℃ 间；QⅡ中包裹体 T_{m,CO_2} 可低达 – 62.5 ～ – 61.9℃，有较多的 CH_4 等其他挥发分存在，T_{h,CO_2} 为 – 33.7 ～ – 17.7℃，其密度高达 1.01 ～ 1.07g/cm³。

（4）萨热阔布金矿床脉石英的 CO_2 – H_2O 包裹体最终完全均一温度（$T_{h,tot}$）数据表明，QⅠ中非 FIAs 的（266 ～ 395℃）大于 FIAs 的（243 ～ 343℃）；而 QⅡ中 FIAs 的（230 ～ 328℃）与非 FIAs 的（206 ～ 328℃）接近，正好说明主成矿阶段 QⅡ的流体活动对 QⅠ来讲是次生的流体叠加活动。

（5）恰夏脉状铜矿化的流体与萨热阔布金矿相比，无水碳质流体相对较少，T_{h,CO_2} 相对较高，反映相对较小的密度，可能与恰夏矿床距离区域性阿巴宫断裂较远，变形相对较弱，流体承受的压力相对较小有关。

5 额尔齐斯构造带金矿床的
构造－流体成矿

张国瑞　王燕海　徐九华　魏　浩　卫晓锋　刘泽群

5.1　概述

　　额尔齐斯金矿带是阿尔泰南缘最重要的金成矿带，带内金矿床的形成主要与海西期造山作用有关，时空上严格受额尔齐斯大型剪切带控制，其诸多地质地球化学特征与国内外众多典型的中温热液金矿床或造山型金矿床类似（芮行健等，1993；Groves et al.，1998；陈华勇，2000）。虽然阿尔泰南缘原生金矿床的成因观点不一，但矿床产出都与断裂构造和韧性剪切带存在密切联系（董永观等，2000）。刘顺生等（2003）将该区的原生金矿分为构造接触带型和构造破碎带型两类，刘悟辉等（1999）则将这些金矿床均归为韧性剪切带型。总体来讲，金矿床的分布在区域上受额尔齐斯深断裂控制，几乎均位于碰撞带深断裂上盘，即仰冲板块一侧，并受次级断裂控制（郭定良，1996）。位于额尔齐斯深断裂北西段玛尔卡库里断裂带的赛都金矿，是阿尔泰南缘重要的金矿床之一，其地质特征、矿床成因以及成矿与构造的关系等早就受到矿床地质学家的关注（芮行健等，1993；程忠富和芮行键，1996）。陈衍景等（1995）认为金矿床的形成同步于沿额尔齐斯构造带的弧陆碰撞造山作用，属典型的造山型金矿床（Groves et al.，1998）。地处额尔齐斯构造带的东部、准噶尔盆地北东缘之喀拉通克岛弧带的萨尔布拉克金矿，也是阿尔泰南缘重要的金矿床之一。董永观等（1994）认为该金矿床为动力变质成因的破碎带蚀变岩型金矿，类似于造山型金矿（Groves et al.，1998）；方耀奎等（1996）通过金矿床中载金矿物的化学成分、矿物包裹体及单矿物同位素标型特征的研究，认为该矿床为中深成、中低温、由地下热（卤）水溶滤而成的微细浸染型金矿床。

　　确切识别流体和金属的来源是研究造山型金矿床需要解决的重要问题之一。由于阿尔泰南缘晚古生代构造－成矿活动非常强烈，早期形成的石英脉体多已破碎变形且被晚期的构造－热液活动改造，早期的流体包裹体也因此难于识别，所以进行细致的石英脉期次和流体包裹体岩相学研究，对正确认识构造－成矿流体演化和成矿作用具有重要意义。

　　本章以赛都金矿和萨尔布拉克金矿为例，对构造－成矿流体演化和成矿作用进行了探讨。

5.2　赛都金矿床的构造－成矿流体及其演化

5.2.1　构造－成矿阶段

玛尔卡库里深断裂及其次级剪切构造带具有复杂的构造－成矿演化历史，从早期的挤压推覆、韧性变形，经中期的构造抬升、左行走滑和脆－韧性变形，以及一系列的剪裂隙和石英脉系的形成，直至晚期的脆性构造叠加，都伴有与金有关的矿化，但主要的金矿化与中期脆－韧性剪切变形有关。根据野外地质、手标本和显微镜下研究，赛都金矿的构造－成矿可划分为以下四个阶段：

第Ⅰ阶段——早期韧性剪切－硅化阶段。早期韧性剪切－硅化阶段韧性剪切作用强烈，伴随较强的硅化作用，表现为条带状、石香肠状的石英平行糜棱片理分布（彩图5－1a、彩图5－1b），总体走向 NW，相当于李光明等（2007）的 V1、V2 脉系。该阶段主要发育于1号矿体，其他矿体发育较差。该阶段有磁铁矿、金红石的形成。

第Ⅱ阶段——浸染状黄铁矿－乳白色石英阶段。浸染状黄铁矿－乳白色石英阶段剪切活动强烈，韧性变形向脆性转化，伴有较强烈的黄铁矿化、硅化等面型蚀变，伴有较弱的金矿化，局部形成含浸染状磁铁矿的石英脉。相当于李光明等（2007）的 V4、V5 和 V6 脉系，石英脉常切层分布（彩图5－1c、彩图5－1d）。石英镜下特征表明，早期石英 Q1 呈透镜状、长条状和眼球状定向分布，被细粒重结晶石英环绕包围（彩图5－1e），可以认为，这类的石英脉具有糜棱岩化石英脉或石英质（硅质）糜棱岩的特征。有时 Q1 内布满菱形网状碳质微裂隙，菱形长对角线方向与石英长轴方向一致（彩图5－1f）；在垂直或大角度斜交石英长轴方向则分布密集的流体包裹体面（彩图5－1g）。这些现象都是由于平行压应力（垂直石英长轴）的方向易于产生张裂隙，为次生流体包裹体的捕获提供了空间。

第Ⅲ阶段——多金属硫化物－烟灰色石英阶段。多金属硫化物－烟灰色石英阶段为韧脆性变形的中晚期，主要形成大小不均的烟灰色黄铁矿－石英脉，并出现较多的黄铜矿、闪锌矿和方铅矿等。中晚期金矿化最强，形成了自然金和多种金的碲化物。该阶段是最主要的金矿化阶段。镜下观察表明，该阶段石英也主要由透镜状、眼球状碎斑石英和细粒重结晶石英亚颗粒组成，所谓的烟灰色石英实际上是由填隙在细粒重结晶石英间的黄铜矿等硫化物微粒细脉和微粒引起的（彩图5－1f、彩图5－1h）。因此该阶段石英脉很可能是由富硫、富金属流体对Ⅱ阶段糜棱岩化石英脉进一步改造而形成，另外，岩石中重结晶的亚颗粒石英相对于碎斑石英的比例增加，同时伴随强烈的硫化物化，使得石英脉外观为烟灰色。

第Ⅳ阶段——晚期石英—碳酸盐化阶段。在矿区可见含方解石、石英脉，呈 EW 或 NE 向，是剪切作用晚期的产物，也是成矿晚期阶段的产物，该阶段基本无矿化。

赛都金矿的热液蚀变程度与构造形变的强度呈正相关。从剪切构造带中心的糜棱岩到构造带外侧的糜棱岩化围岩，热液蚀变的类型由强烈的硅化－黄铁绢英岩化逐渐过渡到中低温的绢云母化、绿泥石化和碳酸盐化。金矿化的强度与热液蚀变－构造形变密切相关，构造－蚀变越强金矿化越好。

5.2.2 流体包裹体研究

5.2.2.1 流体包裹体岩相学和显微测温

赛都金矿各阶段的石英都存在大量流体包裹体，既有原生成因，也经多次叠加的次生成因流体包裹体。按室温下的相态特点，包裹体可分成三种类型：碳质流体包裹体（包括富 N_2 包裹体），$CO_2 - H_2O$ 包裹体（$L_{CO_2} - L_{H_2O}$）和水溶液包裹体（L－V）。

（1）碳质流体包裹体。在赛都金矿早期石英脉透镜状、眼球状石英中（如第Ⅰ、Ⅱ阶段）都能见到碳质流体包裹体，它们既可以表现出原生特征（图5－1a），也有次生成因的。一般在Ⅰ阶段石英中常表现为假次生或次生的（面状分布局限于石英单颗粒内或切穿颗粒），而在Ⅱ阶段石英中主要表现为次生的。按成分它们又可分为两种，一种为富 N_2 包裹体，常表现为很暗的单相包裹体，常与 $CO_2 - H_2O$ 包裹体一起产出，冷冻至 -195℃时无明显相变。另一种为含 N_2 的 CO_2 包裹体，CO_2 固相的熔化温度（T_{m,CO_2}）小于 -57℃，甚至低于 $-63.1 \sim -64.5$℃，反映了一定量挥发分的存在。激光拉曼探针分析表明，在拉曼位移 1384 cm^{-1} 和 1278cm^{-1} 附近显示了清晰的 CO_2 谱峰，而在拉曼位移 $2327 \sim 2329$ cm^{-1} 显示了清晰的 N_2 谱峰。

（2）$CO_2 - H_2O$ 包裹体。由液态 CO_2 相和液态水溶液相组成（具30% ~ 60%的 CO_2/H_2O 体积比）。原生成因的 $CO_2 - H_2O$ 包裹体主要产于第Ⅰ、Ⅱ阶段石英脉的透镜状、眼球状石英中（图5－1b），在Ⅲ阶段烟灰色糜棱岩化石英脉的眼球状石英中也可见 $CO_2 - H_2O$ 包裹体，表现为原生或次生成因的。该类包裹体的均一温度较高，第Ⅰ阶段石英脉 $CO_2 - H_2O$ 包裹体的均一温度范围为 $252 \sim 408$℃，第Ⅱ阶段的为 $203 \sim 326$℃（表5－1）。

表5－1 赛都金矿包裹体显微测温结果综合表

样品编号	样品特征	采样位置	石英脉阶段	包裹体组合类型	大小/μm	T_h 范围/℃	$T_{m,ice}$ 范围/℃	盐度范围/% NaCl eqv	T_{m,CO_2} 范围/℃	T_{h,CO_2} 范围/℃
SD2	剪切带中乳白色石英脉	78 线附近地表	Ⅰ	FIO	5 ~ 15	331 ~ 356(10)			$-62.5 \sim -63(3)$	
86 - 3 -2	剪切带中白色石英脉	ZK86 - 3，125m	Ⅰ	FIO	3 ~ 8.8	252 ~ 408(16)				

样品编号	样品特征	采样位置	石英脉阶段	包裹体组合类型	大小/μm	T_h范围/℃	$T_{m,ice}$范围/℃	盐度范围/% NaCl eqv	T_{m,CO_2}范围/℃	T_{h,CO_2}范围/℃
SD3	紫红色褐铁矿化石英脉	78线附近地表	Ⅱ	FI1	3.3~7.4	232~265(8)				
82-2-7	含粗晶 Py、细脉状 Cp 石英脉	ZK82-2, 130m	Ⅱ	FI1	3.8~8.9	243~297(16)	-0.5~-4.9(7)	0.88~7.73		
82-2-8	含 Py 白色石英脉	ZK82-2, 133m	Ⅱ	FI1	5~20	203~291(14)	-0.2~-3.5(14)	0.35~5.71		
82-2-10	含稀疏浸染状 Py, Cp 白色石英脉	ZK82-2, 146m	Ⅱ	FI1	3.3~13.5	204~259(10)	-6.5	9.86	-64.5~-64(7)	7.5~9.1(6)
82-2-17	含 Py 灰白色石英脉	ZK82-2, 182m	Ⅱ	FI1 / FI2	2.5~7.4	205~326(5) / 157~272(9)	-2.0~-2.1	3.39~3.55		
82-2-22	浸染状黄铁矿化烟灰色石英脉	ZK82-2, 216m	Ⅲ	FI2	2.5~5.5	120~168(15)				
82-2-23	烟灰色石英脉	ZK82-2, 221m	Ⅲ	FI1 / FI2	2.1~5.4	268, 272 / 170~221(13)				
86-3-6	烟灰色石英脉, Py浸染状, 大量细脉状	ZK86-3, 138.5m	Ⅲ	FI2	2.7~9.6	142~199(17)	-2.8~-4.6(6)	4.65~6.59		
86-3-14	浅灰白石英脉, 透明度较高	ZK86-3, 184.5m	Ⅱ	FI2	3.5~9.3	147~169(16)				
86-3-18	含浸染状 Py 的石英脉, 透明度高	ZK86-3, 198m	Ⅲ	FI2	1.5~3.2	138~210(9)				
86-3-19	含浸染状 Py 的浅灰白色石英脉, 偶见 Cp	ZK86-3, 201m	Ⅲ	FI2	1.7~3.5	130~175(15)				
86-3-20	含浸染状 Cp 的浅烟灰色石英脉	ZK86-3, 208m	Ⅲ	FI2	1.7~4.7	123~173(14)				
86-3-22	深烟灰色石英脉, Cp、Sp 常见	ZK86-3, 215m	Ⅲ	FI2	2~5	129~169(15)				

注: 1. 包裹体类型的代号: FI0 为早期石英中的原生包裹体, 包括碳质流体包裹体和 CO_2-H_2O 包裹体; FI1 为第Ⅱ、Ⅲ阶段糜棱岩化石英脉的透镜状、眼球状石英中原生成因的 L-V 和 CO_2-H_2O 包裹体; FI2 为第Ⅱ、Ⅲ阶段透镜状、眼球状石英中次生成因的包裹体, 它们常垂直石英长轴分布, 而黄铜矿黄铁矿等硫化物则细粒重结晶石英分布。

2. 括号内数字为实验测定包裹体数目。

3. 盐度估算据 Bodnar(1993) 的相图。

4. Py—黄铁矿; Cp—黄铜矿; Sp—闪锌矿。

（3）水溶液包裹体。在赛都金矿Ⅰ号矿脉群的第Ⅱ、Ⅲ阶段普遍存在，根据相态有两种情况：1）由水溶液相和蒸汽相组成（气液比为 15%～30%）的两相包裹体；2）室温下为单相水溶液包裹体（由冷冻法和激光拉曼探针证实）。这类包裹体常成群出现，或沿透镜状、眼球状石英颗粒的边缘分布，或垂直颗粒的延长方向并穿透边界，具次生特征。但是，在第Ⅲ阶段烟灰色石英脉中它们又

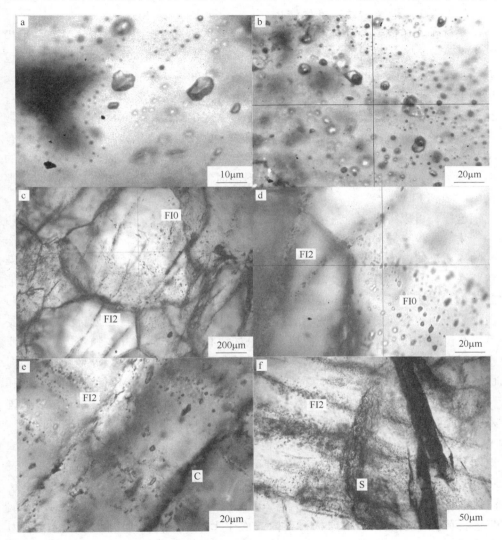

图 5－1 赛都金矿各种构造石英脉体中包裹体特征

a—地表乳白色石英脉中 L_{CO_2} 包裹体，SD2；b—地表乳白色石英脉中 L_{CO_2}－L_{H_2O} 包裹体，SD2；

c—顺层石英脉中原生包裹体和次生包裹体，SD103A；d—未切穿矿物颗粒边界、簇状分布的
碳质流体包裹体（FI0）和切穿矿物颗粒边界产于愈合裂隙中包裹体（FI2），SD103A；

e—眼球状石英平行延长方向的碳质微裂隙（C）和垂直方向的次生包裹体（FI2），82－2－6；

f—眼球状石英中切穿边界的 L－V 包裹体（FI2），又被充填硫化物细脉（S）的裂隙切穿，82－2－8

被平行石英长轴的黄铜矿等硫化物细脉切穿。所以对于第Ⅱ、Ⅲ阶段的透镜状、眼球状石英而言，它们是次生包裹体；而对于第Ⅲ阶段的黄铜矿等硫化物而言，它们则表现出同期或略早于硫化物的特征。

5.2.2.2 构造－成矿流体演化

为了理顺不同产出特征的包裹体组合与剪切带构造和成矿演化的关系，用代号 FI0 表示第Ⅰ阶段石英中的原生包裹体，包括碳质流体包裹体和 $CO_2－H_2O$ 包裹体；用 FI1 表示第Ⅱ、Ⅲ阶段糜棱岩化石英脉的透镜状、眼球状石英中原生成因的 L－V 和 $CO_2－H_2O$ 包裹体，以及第Ⅰ阶段石英中的次生碳质流体包裹体；用 FI2 为第Ⅱ、Ⅲ阶段透镜状、眼球状石英中次生成因的 L－V 包裹体，它们常垂直石英长轴分布，在第Ⅲ阶段中，黄铜矿、黄铁矿等硫化物则以细粒重结晶石英分布。还有一些次生包裹体，包括变形破裂的、卡脖子的，以及不规则形状的单相水溶液包裹体，因难以判断其相对形成时间是早于还是晚于 FI2，故暂且都把它们归到 FI3。

这样，可以得出构造－流体成矿过程的演化图像是：（1）在早期韧性剪切－硅化阶段，在局部的扩容空间形成平行糜棱片理的石英脉，捕获了大量来自深部的变质流体，形成了碳质流体包裹体和 $CO_2－H_2O$ 包裹体（FI0）。（2）在浸染状黄铁矿－乳白色石英阶段，韧性变形开始向脆性转化，形成了一些斜切剪切带的石英脉，捕获了一些原生成因的 $CO_2－H_2O$ 包裹体和碳质流体包裹体（FI1），但由于强烈的剪切变形，这些切层石英脉和早期形成的顺层石英脉与围岩一起受到了糜棱岩化作用，石英颗粒被拉长而呈透镜状、眼球状，并在颗粒边缘形成亚颗粒石英。一些 FI0、FI1 受到了破坏，同时在垂直或大角度斜交石英长轴方向形成了次生流体包裹体 FI2。（3）在烟灰色石英阶段，主要表现为石英的脆性变形和硫化物的充填，此期间由于剪切构造带的抬升，构造带上部的大气降水通过裂隙进入脆性变形的脉石英中，后经愈合形成了一些不规则分布的晚期次生包裹体。

根据 30 件不同阶段的石英样品包裹体的显微测温结果，剔除了那些无法识别与成矿有无关系的次生包裹体 FI3，保留了有意义的显微测温结果（表5－1）。表5－1中数据说明，FI0 的均一温度（$T_h = 252 \sim 408℃$）反映了中高温热液特征，FI1 的均一温度（$T_h = 203 \sim 326℃$）主要为中温热液特征，而烟灰色石英脉中透镜状、眼球状石英内的次生 L－V 包裹体 FI2 的均一温度则为中低温特征（$T_h = 120 \sim 221℃$）。由于包裹体均一温度是捕获温度的最小值，所以包裹体的实际形成温度比这些数值要高几十摄氏度。流体的成分特征表现为早期富 CO_2 和其他挥发分（FI0、FI1），以至于碳质流体的形成，随着成矿中晚期阶段韧性剪切带的抬升和向脆性变形转化，CO_2 和其他挥发分的比例减少，加热的大气水可沿剪切带渗透参与了成矿，演化成富 H_2O 的次生流体（FI2 以及更晚的 FI3）。

5.3 萨尔布拉克金矿床的构造－成矿流体

5.3.1 构造－成矿阶段

前人关于萨尔布拉克金矿成矿阶段的划分不同研究者具有不同的划分方案（表5－2）。不过大都接近于造山型金矿蚀变矿化的三个阶段：（1）发育含黄铁矿的石英脉或次生交代石英岩；（2）多金属硫化物网脉；（3）石英－碳酸盐网脉（陈衍景等，2007）。

表5－2 矿化阶段的不同划分方案

阶段	划 分 方 案		
	本　书	董永观等（1994）	方耀奎等（1996）
I	韧性变形－黄铁矿化－硅化	石英－毒砂－黄铁矿	石英－黄铁矿－毒砂
II	韧脆性变形－黄铁矿－毒砂－石英脉	毒砂－黄铁矿	
III	网脉状石英（多金属硫化物阶段）		石英－多金属硫砷化物
IV	石英－碳酸盐	石英－碳酸盐	石英－碳酸盐
		石英－钠长石	

额尔齐斯断裂带金矿时空分布上严格受额尔齐斯大型剪切带控制。额尔齐斯构造带及其次级构造具有多期活动的特点。早期为韧性变形，中期为韧脆性变形，晚期为脆性变形，由此控制的成矿作用也具有多期成矿的特点，但主要的金矿化与中期的韧脆性变形期有关。根据野外露头、手标本和显微镜下研究，本节综合构造形变－热液蚀变及矿化特征，将萨尔布拉克金矿的构造－成矿可划分为四个阶段（王燕海等，2011）。

第I阶段——韧性变形－黄铁矿化－硅化阶段。该阶段以动力变质、韧性剪切和塑性变形为主，伴随有强烈的硅化作用。围岩中重结晶石英（Q_1）、顺层石英脉（Q_2）发育（图5－2a）；围岩和石英脉中均有不同程度的黄铁矿化，常被切层石英脉（Q_3）切穿（图5－2b）。石英脉局部发生揉皱、变形强烈，但常见较完好的石英晶屑 Q_0（图5－2c）和重结晶亚颗粒。该期是金矿化的早期阶段。

第II阶段——韧脆性变形－黄铁矿－毒砂－石英脉阶段。该阶段剪切作用强烈，韧性变形向脆性变形转变，伴有强烈的黄铁矿化、毒砂化及硅化，发育切层石英脉 Q_3（图5－2d）。此阶段是主要的金矿化阶段。

第III阶段——网脉状石英阶段（多金属硫化物阶段）。此阶段为韧脆性变形的晚期——脆性变形期，主要是热液沿裂隙形成的网脉状石英脉 Q_4，同时可见 Q_4 被更晚期的碳酸盐脉切穿（图5－2f），此期也伴有黄铁矿化及毒砂化，并伴有金矿化。

第IV阶段——石英－碳酸盐阶段。该阶段为构造－成矿晚期的产物，碳酸盐脉穿插于蚀变或变质晚期的网脉状石英脉 Q_4 之中。此阶段无矿化。

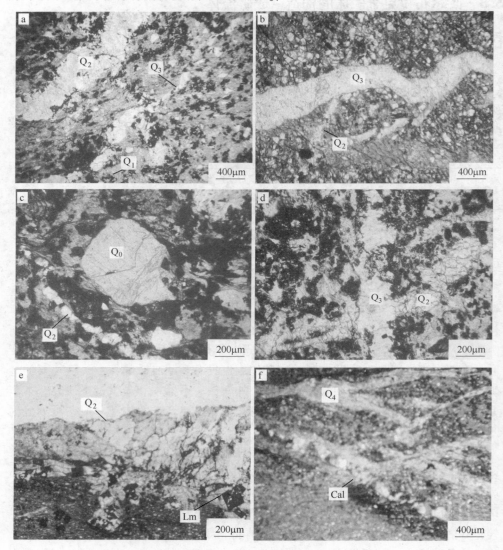

图 5 – 2　萨尔布拉克金矿各种类型石英产出特征

a—变晶屑凝灰岩中两期石英脉（Q_2 及 Q_3），Q_3 穿插 Q_2，SL201(–)；

b—糜棱岩化变质粉砂岩中绿泥石化石英脉 Q_3 切穿细石英脉 Q_2，SL236(–)；

c—晶屑（Q_0）呈港湾状，SL236(–)；

d—千枚状变质晶屑凝灰岩中两期石英脉（Q_2 及 Q_3），

早期绿泥石化石英脉 Q_2 被 Q_3 切穿，SL205(–)；

e—变质晶屑凝灰岩中石英脉 Q_2 中及周边黄铁矿颗粒褐铁矿（Lm）化，SL004(–)；

f—变质晶屑凝灰岩中方解石（Cal）脉穿插网脉状石英脉 Q_4，SL004(+)

萨尔布拉克金矿的金矿化与韧性剪切构造变形的强度呈正相关关系，由矿化中心向两侧剪切变形逐渐变弱，热液蚀变也由高级蚀变向低级蚀变转变。这与董永观（1994）划分的由矿化中心向外依次蚀变减弱的三个蚀变带相一致：Ⅰ毒砂化、黄铁矿化、硅化、石墨化带，该带受构造挤压作用强，岩石破碎，蚀变较强，往往构成金矿体或金矿化体；Ⅱ绢云母化、硅化、碳酸盐化带，该带岩石破碎程度差，偶有弱的黄铁矿化，金矿化弱；Ⅲ绿泥石化、绿帘石化、碳酸盐化带，该带远离矿化中心，碳酸盐化较弱，金属硫化物少，没有明显的金矿化。金矿化的强度与热液蚀变－构造变形密切相关，构造－蚀变越强金矿化越好。

5.3.2　流体包裹体研究

重点研究了萨尔布拉克金矿第Ⅰ～Ⅲ阶段石英中的流体包裹体，共观测18件包裹体片。由于包裹体多非常细小，因此只能选取可适宜进行显微测温的12件包裹体片进行实验。此外，还进行了激光拉曼探针以及群体包裹体成分分析。

5.3.2.1　流体包裹体岩相学

萨尔布拉克金矿各阶段石英脉都有大量的流体包裹体存在，既有原生包裹体，也有次生包裹体。热液石英中包裹体根据室温下的相态还可分成三种类型：碳质流体包裹体（含单相的 CO_2 及 CH_4 包裹体）、L_{CO_2} － L_{H_2O} 包裹体和水溶液包裹体（L－V）。图5－3显示不同包裹体的类型及产状。

（1）CO_2 － H_2O 包裹体。CO_2 － H_2O 包裹体是萨尔布拉克金矿最常见的类型，在第Ⅰ、Ⅱ阶段的石英中均存在。在第Ⅰ阶段石英中 CO_2 － H_2O 包裹体大量存在，主要由液态 CO_2 相和液态 H_2O 相组成，气液比为0.29～0.69，大小多为1～5μm，常见定向分布，可能为次生成因。在第Ⅱ阶段的石英中既有以液态 CO_2 相和液态 H_2O 组成的两相包裹体，也有以气态 CO_2 相和液态 H_2O 组成的包裹体，极少量的液态 H_2O 和气态 CH_4 组成的包裹体；包裹体较大，大小多为1.5～7.5μm，无序分布，以原生成因为主。CO_2 － H_2O 包裹体是显微测温的主要研究对象（图5－3）。

（2）碳质流体包裹体。在萨尔布拉克金矿早期顺层石英脉和较晚的切层石英脉（即第Ⅰ、Ⅱ阶段的石英脉）中均有碳质流体包裹体存在。在第Ⅰ阶段的石英脉中，石英颗粒碎裂，原生碳质流体包裹体发育，尺寸1～3μm，形态卵圆形，与大量定向分布的尺寸为1～5μm 的 L－V 流体包裹体共存。在此期的石英脉中发现有富 CH_4 的碳质流体包裹体，表现为很暗的单相包裹体，激光拉曼探针分析表明在拉曼位移2912.1cm^{-1} 处显示了清晰的 CH_4 谱峰（图5－4a），但没有 H_2O 及 CO_2 的谱峰。在第Ⅱ阶段的石英脉中，碳质流体包裹体表现为原生成因，主要为含 CH_4 的 CO_2 包裹体及单相富 CO_2 的包裹体（图5－4b、图5－4c），也

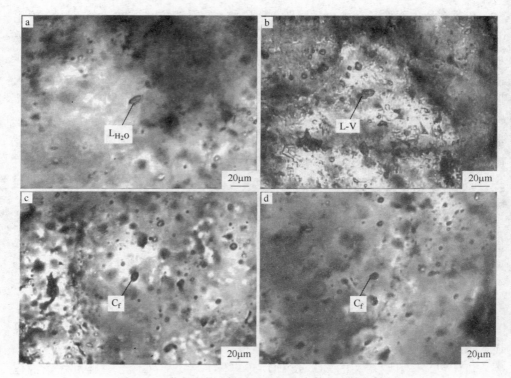

图 5－3 萨尔布拉克金矿石英中包裹体显微镜下特征

a—石英脉 Q_3 中的单相盐水包裹体（L_{H_2O}），SL250（－）；

b—石英脉 Q_3 中的气液两相包裹体（L－V），SL208（－）；

c—石英脉 Q_3 中含碳质流体包裹体（C_f），SL215（－）；

d—石英脉 Q_2 中富 CH_4 的碳质流体包裹体（C_f），SL209（－）

表现为很暗的单相包裹体，激光拉曼探针分析在拉曼位移 2912.1cm^{-1} 处显示了 CH_4 谱峰，而在拉曼位移 1383cm^{-1} 处显示了清晰的 CO_2 谱峰。

（3）水溶液包裹体。水溶液包裹体在第 Ⅰ、Ⅱ、Ⅲ 阶段的石英中普遍存在，大小多为 1~6μm。第 Ⅰ 阶段的石英中包裹体很小，第 Ⅱ 阶段的石英中包裹体较大，大小多为 5μm 左右，而在第 Ⅲ 阶段的石英中包裹体也较小。从相态上区别主要是水溶液相和蒸汽相组成的两相包裹体，而以单相存在的水溶液包裹体较少。

5.3.2.2 流体包裹体显微测温

包裹体均一温度及冰点在北京科技大学资源系的 LinKman THMS－600 冷热台上得到。均一温度测定以 20℃/min 速率加热，接近均一温度时速率为 1℃/min；冷冻法实验时，接近冰点及三相点时升温速率为 0.1℃/min。包裹体显微测温综合结果见表 5－3 及图 5－5。

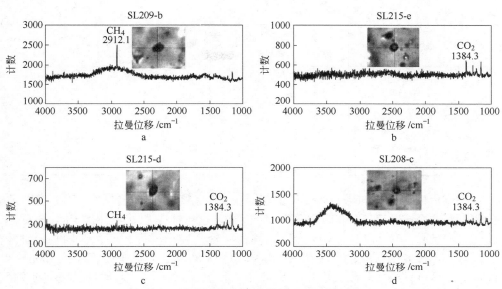

图 5-4 萨尔布拉克包裹体拉曼探针分析结果

（中国科学院地质与地球物理研究所流体包裹体实验室，

测试仪器型号 Renishaw 公司 RM-2000 型）

表 5-3 萨尔布拉克金矿包裹体显微测温结果

样号	特 征	采样位置	石英脉阶段	包裹体大小/μm	$T_h/℃$	$T_{m,ice}$/℃	盐度/% NaCl eqv	T_{m,CO_2}/℃	T_{h,CO_2}/℃
SL209	含毒砂灰色石英脉	IV号矿体附近地表	I	3~7	170~350 (9)				
SL214	浸染状毒砂石英脉，偶见 Cp+Py，见石英碎斑	96 线矿带东部	I	3~5	170~330 (8)				
SL208	黄褐色石英脉，局部应变，晚期 Q4 穿插	IV号矿体附近地表	II	3~8	74~358 (13)	-0.3~ -3.3	0.53~ 5.41	-56.1~ -61.3(4)	25~ 28.8
SL210A	凝灰岩中切层石英脉	96 线矿带东部	II	3~5	204~290 (5)				
SL215	褐铁矿化石英脉	96 线	II	3~6	150~270 (14)				
SL227	褐铁矿化石英脉	57 线矿带西部	II	2~6	93~166 (11)				
SL229	褐铁矿化石英脉	57 线	II	3~7	170~301 (7)				
SL231	黄褐色石英脉，局部应变，晚期 Q4 穿插	57 线	II	2~56	98~275 (15)				

续表 5 - 3

样号	特　征	采样位置	石英脉阶段	包裹体大小/μm	T_h/℃	$T_{m,ice}$/℃	盐度/% NaCl eqv	T_{m,CO_2}/℃	T_{h,CO_2}/℃
SL248	褐铁矿化石英脉	IX矿体西部	II	2 ~ 4	110 ~ 119 (4)				
SL250	黄褐色石英脉，局部应变强，晚期 Q4 穿插	IX矿体西部	II	3 ~ 5	98 ~ 201 (7)				
SL212	含毒砂的网脉状石英脉	96 线	III	3 ~ 7	140 ~ 310 (10)				

测试流体包裹体的均一温度集中范围在 150 ~ 330℃ 之间（图 5 - 5），第 I 阶段集中在 290 ~ 330℃ 和 200 ~ 269℃ 两个区域，这可能是原始流体的 CO_2/H_2O 不均匀，导致包裹体的 CO_2/H_2O 比值不同，尽管其捕获温度相同，但均一差别较大，均一温度相对较高的包裹体（290 ~ 330℃）更接近实际捕获温度（Shepherd et al.，1985）；第 II 阶段集中在 150 ~ 230℃ 和 260 ~ 310℃；第 III 阶段集中在 215 ~ 310℃。随着 CO_2/H_2O 的体积比增高，显微测温显示包裹体的均一温度升高。

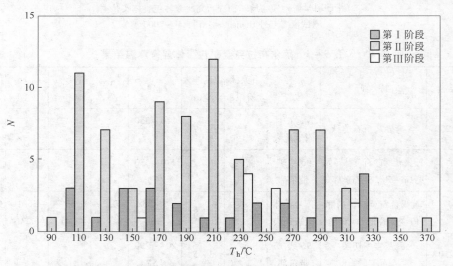

图 5 - 5　萨尔布拉克不同阶段包裹体均一温度（T_h）分布图

由于均一温度是矿物形成的最低温度，实际温度要高于这个温度，需要进行压力校正。根据臧文栓等（2007）从 X 射线岩石组构的石英光轴点极密与宏观构造面理的关系分析，在韧脆性构造变形过程中，按正常温压梯度推算，该区石英的变形深度为 10 ~ 15km，变形围压为 250 ~ 400MPa；应用 Г. Г. 列姆列英与 П. В. 克列弗佐夫的压力对均一温度（T_h）校正值（ΔT）图解（何知礼，1982），估算包裹体的捕获温度：第 I 阶段为 310 ~ 370℃，第 II 阶段为 230 ~ 378℃，第 III 阶段为 225 ~ 330℃。

5.4 额尔齐斯金成矿带矿床成因

5.4.1 成矿物质和成矿流体来源

5.4.1.1 硫同位素示踪

赛都金矿硫化物中以黄铁矿最为常见，在不同阶段石英脉和蚀变－构造岩中都有分布，是主要载金矿物之一。Loucks 和 Mavrogenes（1999）的研究表明，在 $550 \sim 725℃$、$100 \sim 400MPa$ 条件下硫化铁饱和的盐水热液中，金在流体中可以 $AuHS(H_2S)_3^0$ 络合物的形式存在，这与金普遍和黄铁矿共生的事实吻合。温度和压力对流体中 $AuHS(H_2S)_3^0$ 的溶解度非常敏感，断裂带中温度从 $400℃$ 降到 $340℃$ 或压力降低将导致 90% 的金沉淀。因此，当变质水在剪切带中上升，通过韧－脆性转换带，温度或压力的下降将引起金和硫化铁的沉淀。从而，黄铁矿硫同位素组成特征可以反映硫的来源，也可以部分反映金的来源。

程忠富等（1996）对赛都金矿硫同位素的早期研究表明，矿区各岩石黄铁矿（或褐铁矿）的 $\delta^{34}S$ 值为 $0.31‰ \sim 11.41‰$，多数集中在 $1.0‰ \sim 5.0‰$，平均值为 $3.44‰$，且 $\delta^{34}S$ 值的大小与黄铁矿形成先后有一定关系，早、中期 $\delta^{34}S$ 值较小，成矿主期或晚期 $\delta^{34}S$ 值较大，且硫同位素有分带特征。矿体中心 $\delta^{34}S$ 值较大，向外则趋小；在垂向上，黄铁矿 $\delta^{34}S$ 值显示了向深部变小趋势。李光明等（2007）也研究了赛都金矿黄铁矿硫同位素，$\delta^{34}S$ 值变化范围在 $-2.71‰ \sim 5.6‰$ 之间，平均为 $1.43‰$。

对第 Ⅱ、Ⅲ 阶段主构造－成矿阶段的黄铁矿也进行了硫同位素组成测试（表 5－4）。实验在中科院地质与地球物理研究所岩石圈演化国家重点实验室稳定同位素实验室完成，数据均为相对国际标准 CDT 之值，质谱仪型号为 Delta－S。分析表明，赛都金矿床矿体中硫化物的 $\delta^{34}S$ 变化范围在 $3.53‰ \sim 5.88‰$ 之间（表 5－4），平均为 $4.86‰$。第 Ⅱ 阶段的硫同位素值为 $4.00‰ \sim 5.67‰$ 之间，平均值为 $5.05‰$，第 Ⅲ 阶段的硫同位素值为 $3.53‰ \sim 5.88‰$，平均值为 $4.76‰$。

表 5－4　赛都金矿的黄铁矿硫同位素组成

样品编号	深度/m	成矿阶段	岩　石　名　称	$\delta^{34}S/‰$
82－2－1	83	Ⅲ	含 Py、Cp 石英脉	3.93
82－2－2	89	Ⅲ	含 Py、Cp 烟灰色石英脉	5.49
82－2－6	123	Ⅱ	含 Py、浸染状磁铁矿浅灰白色石英脉	5.54
82－2－8	133	Ⅱ	含 Py 白色石英脉	4.00
82－2－12	155	Ⅲ	含浸染状、脉状 Cp、Py 石英脉	4.79
82－2－23	221	Ⅲ	烟灰色石英脉	5.41
78－3－1	186	Ⅲ	浅烟灰色石英脉	5.88
78－3－2	205	Ⅲ	浅烟灰色石英脉	4.62

样品编号	深度/m	成矿阶段	岩 石 名 称	δ^{34}S/‰
78－3－5	211	Ⅲ	深烟灰色含 Py 石英脉	4.44
86－3－2	125	Ⅱ	白色石英脉	4.68
86－3－6	138.5	Ⅲ	烟灰色石英脉，所含 Py 呈浸染状，大量细脉状；Cp 呈浸染状	4.76
86－3－14	184.5	Ⅱ	浅灰白石英脉，透明度较高	5.36
86－3－19	201	Ⅱ	含浸染状 Py 的浅灰白色石英脉，偶见 Cp	5.67
86－3－22	215	Ⅲ	深烟灰色石英脉，Cp、Sp 常见	3.53

注：数据由中科院地质与地球物理研究所岩石圈演化国家重点实验室稳定同位素实验室测试。数据均为相对国际标准 CDT 之值，使用质谱仪型号为 Delta－S。

表 5－4 中数据与前人的研究基本相吻合，主成矿阶段 δ^{34}S 值分布集中在 3‰ ~ 5‰ 之间。据研究，邻区多拉纳萨依金矿黄铁矿中 δ^{34}S 值为 － 7.02‰ ~ － 2.46‰，成矿晚阶段形成的黄铁矿比早阶段形成的黄铁矿 δ^{34}S 值小些。热液矿床的硫同位素研究表明，δ^{34}S 为接近零值的正值，提示硫源可能为地幔或地壳深部大量地壳物质均一化的结果。由此，本书作者认为赛都金矿矿区的成矿硫源主要来源于地壳深部，即具有深源硫特征。

5.4.1.2 铅同位素演化

在中科院地质与地球物理研究所岩石圈演化国家重点实验室稳定同位素实验室做了主成矿阶段黄铁矿的铅同位素测试，使用质谱仪型号为 MT252。测试结果表明，铅同位素组成为 ^{206}Pb/^{204}Pb = 18.0997 ~ 18.3585，^{207}Pb/^{204}Pb = 15.4877 ~ 15.5790，^{208}Pb/^{204}Pb = 38.1116 ~ 38.3551（表 5－5）。李光明等（2007）的铅同位素研究结果为：矿化第Ⅱ、Ⅲ阶段的 ^{206}Pb/^{204}Pb = 17.9666 ~ 18.1236，^{207}Pb/^{204}Pb = 15.5266 ~ 15.6070，^{208}Pb/^{204}Pb = 37.8838 ~ 38.1989。这些数据表明赛都金矿的铅同位素组成 ^{206}Pb/^{204}Pb、^{207}Pb/^{204}Pb 和 ^{208}Pb/^{204}Pb 值的变化范围均小于 1%。按正常铅 ^{206}Pb/^{204}Pb 计算的 μ（^{238}U/^{204}Pb） 值为 9.26 ~ 9.46，矿石的 μ 值接近单一正常铅变化范围（μ = 8.686 ~ 9.238）；按正常铅 ^{207}Pb/^{204}Pb 计算的 ψ（^{232}Th/^{204}Pb） 值为 35.53 ~ 36.68；矿石的 ψ 值在单一正常铅 ψ 值演化的范围内（ψ = 35 ~ 41）。据矿石的 μ 值和 ψ 值推测的源区中 Th/U 值为 3.67 ~ 3.75，接近单一正常铅之 Th/U（3.92 ± 0.09） 范围内。

表 5－5 赛都金矿床的黄铁矿铅同位素组成特征

样 号	成矿阶段	同位素组成			特征参数值		
		^{206}Pb/^{204}Pb	^{207}Pb/^{204}Pb	^{208}Pb/^{204}Pb	μ	ψ	Th/U
86－3－13	Ⅱ	18.3585	15.5424	38.2560	9.36	35.53	3.67
86－3－19	Ⅱ	18.0997	15.5790	38.1116	9.46	36.68	3.75
86－3－22	Ⅲ	18.2498	15.4877	38.3551	9.26	36.01	3.76

样 号	成矿阶段	同位素组成			特征参数值		
		$^{206}Pb/^{204}Pb$	$^{207}Pb/^{204}Pb$	$^{208}Pb/^{204}Pb$	μ	ψ	Th/U
T Ⅱ ZK306 －423 等	Ⅱ(5)	18.1236 ~ 18.0003	15.5266 ~ 15.6070	37.8838 ~ 38.1989	据李光明等，2007		
T Ⅱ KD2121 等	Ⅲ(3)	17.9666 ~ 18.0256	15.5491 ~ 15.5682	37.8954 ~ 37.9530			

注：测试在中科院地质与地球物理研究所岩石圈演化国家重点实验室稳定同位素实验室完成，使用质谱仪型号为 MT252。

根据上述铅同位素组成、特征参数值及铅同位素构造环境模式图（图 5－6）可看出，赛都金矿主成矿阶段黄铁矿的具有相对稳定的铅同位素组成，在铅构造环境模式图上，数据点集中落在造山带演化曲线上，反映了矿石中的铅等矿质主要是在造山作用中可能是通过热液萃取深部岩石而产生。

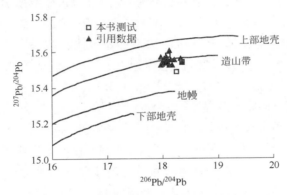

图 5－6　赛都金矿床铅构造环境模式图

5.4.1.3　氢氧同位素

萨尔布拉克金矿的氢氧同位素的组成测试在核工业北京地质研究院进行，仪器型号为 MAT－253，检测项目与参数为石英中氧及包裹体氢同位素组成；检测方法和依据为《水中氢同位素的锌还原法测定（DZ/T 0184.19—1997）》，《硅酸盐及氧化物矿物中氧同位素组成的五氟化溴法测定（DZ/T 0184.13—1997）》，测试结果汇总见表 5－6。流体包裹体中氢同位素组成为 －127‰ ~ －96.3‰，极差达 30.7‰；利用均一法测定的石英流体包裹体均一温度将石英氧同位素换算为成矿溶液的氧同位素，换算采用 $1000\ln\alpha_{Q-H_2O} = 3.306 \times 10^6 T^{-2} - 2.71$（张理刚，1989），换算后成矿溶液的氧同位素组成为 －4.3‰ ~ 5.8‰，极差达 10.1‰。氢氧同位素组成的变化范围大反映不同期次成矿热液的性质差异，也反映了成矿的多期性、多阶段性。

表 5－6 萨尔布拉克金矿成矿溶液氢氧同位素组成

序号	样品名称	温度（校正后）/℃	$\delta O_{石英}$（SMOW）/‰	δD_{H_2O}（SMOW）/‰	$\delta^{18}O_{H_2O}$（SMOW）/‰
1	SL208（Ⅱ）	251	9.6	－100	0.3
2	SL209（Ⅰ）	288	11.7	－114	3.9
3	SL213（Ⅱ）	221	13.6	－116.9	2.8
4	SL214（Ⅰ）	268	14.4	－101.1	5.8
5	SL215（Ⅱ）	221	8.6	－102.4	－2.2
6	SL231（Ⅱ）	213	13	－96.3	1.7
7	SL234（Ⅱ）	213	9.3	－127	－2.0
8	SL250（Ⅱ）	181	9	－106.1	－4.3

注：样品测试由核工业北京地质研究院稳定同位素实验室测试。数据均为相对国际标准 V－SMOW 之值，质谱型号为 MAT－253。

赛都金矿氢氧同位素测试在中科院地质与地球物理研究所岩石圈演化国家重点实验室稳定同位素实验室完成，使用质谱型号为 MAT－252，石英的氧同位素分析方法用 BrF_5 法，氢同位素分析方法用锌还原法。结果表明，赛都金矿脉石英 $\delta^{18}O$ 组成为 10.89‰ ~ 14.22‰，平均为 12.26‰，流体中水的氧同位素根据 Clayton（1972） 的分馏方程 $\delta^{18}O_{H_2O} = \delta^{18}O_{石英} - 3.38(10^6 \times T^{-2}) + 2.9$ 计算。考虑到包裹体均一温度是矿物形成温度的最小值，实际温度比均一温度要高，所以分馏计算中温度采用样品中包裹体均一温度的最高值。计算结果（表 5－7）表明，成矿流体的 $\delta^{18}O_{H_2O}$ 变化于 － 3.51‰ ~ 9.23‰。包裹体的 δD 值为 － 60.10‰ ~ － 66.15‰，平均为 － 62.54‰。程忠富和芮行建（1997）获得赛都金矿脉石英 $\delta^{18}O$ 组成为 10.71‰ ~ 17.01‰（9 个数据），平均为 12.51‰，由 Clayton 分馏方程计算的成矿溶液的 $\delta^{18}O_{H_2O}$ 为 － 0.22‰ ~ 6.27‰，成矿溶液的 δD 值为 － 105.4‰ ~ － 126.3‰（5 个数据），平均为 － 113.66‰。李光明等 （2007） 获得赛都托库孜巴依金矿Ⅱ号脉群的成矿流体的 $\delta^{18}O_{H_2O}$ 变化于 － 0.26‰ ~ 6.12‰（16 个数据），包裹体水的 δD_{H_2O} 值在 － 78.96‰ ~ － 90.48‰之间，大多数集中分布在 － 80‰ ~ － 90‰。

表 5－7 赛都金矿氢氧同位素组成

样品编号	岩 石 名 称	成矿阶段	计算温度/℃	$\delta^{18}O_{石英}$/‰	$\delta^{18}O_{H_2O}$/‰	δD_{H_2O}/‰
78－3－1	浅烟灰色石英脉	Ⅲ	256	14.22	5.04	－64.18
78－3－2	浅烟灰色石英脉	Ⅲ	230	12.45	1.99	－63.12
78－3－5	深烟灰色含 Py 石英脉	Ⅲ	273	12.43	3.99	－63.07
82－2－1	含 Py 石英脉	Ⅲ	200	12.80	0.59	－62.86

续表 5－7

样品编号	岩 石 名 称	成矿阶段	计算温度/℃	$\delta^{18}O_{石英}$/‰	$\delta^{18}O_{H_2O}$/‰	δD_{H_2O}/‰
82－2－2	烟灰色含 Py 石英脉	Ⅲ	200	11.41	－0.80	－60.26
82－2－6	含 Py、浸染状磁铁矿浅灰白色石英脉	Ⅱ	200	11.15	－1.06	－61.18
82－2－12	含浸染状、脉状 Cp，Py 石英脉	Ⅲ	186	13.22	0.08	－63.97
82－2－23	烟灰色石英脉	Ⅲ	272	12.04	3.56	－61.63
86－3－2	白色石英脉	Ⅱ	408	13.62	9.23	－66.15
86－3－6	烟灰色石英脉：所含 Py 呈浸染状，大量细脉状；Cp 呈浸染状	Ⅲ	199	11.83	－0.44	－62.47
86－3－14	浅灰白色石英脉，透明度较高	Ⅱ	169	11.76	－2.64	－62.00
86－3－19	含浸染状 Py 的浅灰白色石英脉，偶见 Cp	Ⅱ	175	11.62	－2.32	－61.98
86－3－22	深烟灰色石英脉：Cp、Sp 常见	Ⅲ	169	10.89	－3.51	－60.10

注：样品测试由中科院地质与地球物理研究所岩石圈演化国家重点实验室稳定同位素实验室完成，所
报数据均为相对国际标准 V－SMOW 之值，使用质谱仪型号为 MAT－252。

从 $\delta^{18}O_{H_2O}$－δD 投影图（图 5－7）中可知，萨尔布拉克金矿成矿早期阶段成矿溶液的氢氧同位素投影点分布于变质水及岩浆水的下方，而在成矿较晚阶段投影点向大气降水线方向偏移。上述特点可能是因为早期阶段成矿热液与周围岩石进行强烈的水岩反映，致使热液中的氢氧同位素与岩石中的氢氧同位素进行交换，这样热液就具有与岩浆岩或火山物质接近的氢氧组成特点；到成矿较晚阶段

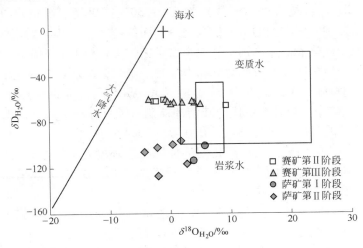

图 5－7 萨尔布拉克金矿和赛都金矿氢氧同位素投影图
（底图变质水的下限据郑永飞和陈江峰（2000）资料修正）

这种交换作用变弱，大气降水逐渐参与，所以热液组成向与雨水线靠近。赛都金矿的 δD 较高，使氢氧同位素投影点分布于变质水及岩浆水的中部区域，且较早阶段和较晚阶段的数据差别不大，但也显示出大气降水逐渐参与的特征，热液组成具有向与雨水线靠近的特点。

5.4.2　后碰撞造山与金成矿

赛都金矿和萨尔布拉克金矿都具有造山带型金矿（Groves et al.，1998）的主要特点，包括：（1）矿床均产于区域性额尔齐斯深断裂附近，并受次级剪切带的控制。（2）含矿石英脉具有典型的"构造矿石"特点，如眼球状 – 透镜状石英的波状消光、拔丝构造，黄铁矿化与亚颗粒石英的密切关系。围岩的变形和变质具有连续性，使蚀变类型、地球化学特征、构造性质等方面具有连续性。（3）具有很低的 Pb – Zn – Cu 硫化物含量，金属组合为 Au + Ag + As + Te。（4）具有强烈的中温硅化 – 黄铁绢英岩化组合和中低温绢云母化、绿泥石化、碳酸盐化等蚀变组合。（5）构造 – 成矿流体为富 CO_2 的 $H_2O – CO_2 + CH_4$ 低盐度流体，由早期的 CO_2 变质流体向晚期的富 H_2O 流体转化。这种极富 CO_2 的流体是阿尔泰南缘金矿的重要特征（Xu et al.，2005）。

通过对赛都和萨尔布拉克金矿的成矿背景及构造 – 蚀变 – 成矿阶段研究，结合流体包裹体的低盐度、富 CO_2 和中温特征，本书作者认为该金矿床与 Grove 和 Goldfarb 等（1998）提出的造山带金矿特征相似。Goldfarb 等（2001）系统总结了全球不同地质时代形成的造山带金矿构造背景和成矿环境特征，提出的造山带金矿的成矿作用与 $H_2O – CO_2$ 流体有着密切的联系，低盐度、富 CO_2 成矿流体是该类矿床重要特征之一。造山型金矿系统的成矿流体被认为是低盐度的富 CO_2 流体，（$CO_2 + CH_4$）含量（摩尔分数）为 5% ~ 30% 或更高（陈衍景等，2007）。流体包裹体是判别矿床类型的重要依据之一，而低盐度、富 CO_2 的流体包裹体是造山型矿床或变质热液矿床区别于其他类型矿床的重要标志（涂光炽，1986）。

对于额尔齐斯构造带的成矿地球动力学背景研究，特别是金的主要成矿时期与造山带构造体制的关系，前人从不同角度提出了不同的观点。芮行健等（1993）认为成矿作用与晚古生代洋陆俯冲体制有关，陈华勇等（2000）则认为与陆内板片俯冲的碰撞成矿有关。阎升好等（2004）通过 Ar – Ar 年代学研究认为金成矿应与造山带后碰撞构造演化期的伸展构造环境有关。李光明等（2007）认为额尔齐斯构造带存在两个成矿事件，分别为 290Ma 左右大规模左行走滑和 270Ma 左右的后碰撞走滑 – 伸展转换体制。

张湘炳等（1996）研究了额尔齐斯构造带的抬升历史，认为早石炭世末（332 ~ 292Ma）该区是快速抬升的时期，而晚石炭世末之后（292 ~ 211Ma）该区为造山期后应力松弛时期，抬升速度慢，断裂开启，围压降低。胡霭琴等（2006）获得了青河变质岩中英安岩质正片麻岩的 SHRIMP 锆石 U – Pb 年龄

（281Ma±3Ma），数据记录了阿尔泰晚古生代一次重要的构造、变质和快速隆升的地球动力学过程。肖文交等（2006）认为北疆的增生造山作用可能结束于晚石炭世晚期－二叠纪。赛都金矿和萨尔布拉克金矿的同位素年龄数据说明金矿的形成只是造山带中剪切带演化过程中的一个产物。金矿床的早期构造－成矿阶段对应于快速抬升的较晚时期，构造流体的圈闭主要来自深部上升的富 CO_2 变质水，形成残留于透镜状、眼球状石英中的原生碳质流体包裹体和 CO_2－H_2O 包裹体；而中晚期的主成矿阶段对应于造山期后应力松弛时期，构造带上部的大气降水通过脆性裂隙进入早期形成的脉石英中，如烟灰色石英脉阶段，富 H_2O 的次生包裹体大量产生于早期透镜状、眼球状石英微裂隙中。因此，赛都金矿和萨尔布拉克金矿等主要的金矿化应与后碰撞造山的伸展构造环境有关。我国东部一些重要的金矿集中区，多是燕山期以伸展机制为主的动力学背景下的产物，如胶东半岛、小秦岭地区等。

5.5 本章小结

（1）赛都金矿、萨尔布拉克金矿等的构造－成矿流体早期以中高温、富 CO_2－N_2 等挥发分为特征，演化到中晚期为中低温、中低盐度的盐水溶液体系。随着额尔齐斯碰撞造山带的次级构造剪切带由压性、韧性转变为张性、脆性的演化，成矿流体演化也由富含 CO_2 的碳质流体、或中温、低盐度的 CO_2－H_2O 变质流体向低温、富水流体演化。

（2）硫铅同位素研究表明：成矿物质是从深部源富集的，在后碰撞造山作用过程从深部岩石中通过热液萃取获得。黄铁矿的 $\delta^{34}S$ 变化范围在 3.53‰ ~ 5.88‰之间；铅同位素组成为 $^{206}Pb/^{204}Pb = 18.0997 \sim 18.3585$、$^{207}Pb/^{204}Pb = 15.4877 \sim 15.5790$、$^{208}Pb/^{204}Pb = 38.1116 \sim 38.3551$。

（3）赛都金矿、萨尔布拉克的形成只是造山带中剪切带演化过程中的一个产物，主要的金矿化应与后碰撞造山的伸展构造环境有关，构造－成矿流体的演化特征与剪切带演化过程吻合。

6 海相火山沉积矿床的变形变质

林龙华　徐九华　褚海霞　王琳琳　卫晓锋

6.1 概述

　　块状硫化物矿床是重要的海相火山沉积矿床，包括以火山岩为容矿岩石的 VMS 矿床（volcanogenic massive sulfide，火山块状硫化物矿床）和以沉积岩为容矿岩石的 SEDEX 矿床（sedimentary exhalative，沉积喷流矿床）。按构造环境，VMS 矿床可分为：塞浦路斯（Cyprus）型、黑矿（Kuroko）型、别子（Besshi）型和诺兰达（Noranada）型矿床，分别代表了不同的构造环境和地质背景（Sangster and Scott，1976；Franklin et al.，1981）。而根据矿石的成矿元素组合，VMS 矿床划分为 4 种主要类型：Zn – Cu 型、Zn – Pb – Cu 型、含 Cu 黄铁矿型、Cu – Zn 型，分布与构造环境分类对应（Solomon，1976）。VMS 矿床分布广泛，从太古宙的地盾到现代的大洋中脊都有产出，其经济价值仅次于斑岩铜矿而居于有色金属矿床的第二位，由于 VMS 矿床的广泛分布及巨大的经济价值，它已成为矿床学研究及找矿勘查的重要对象。

　　碰撞造山成矿系统与海底喷流沉积成矿系统之间的关系，长期以来已为人们所关注。VMS 型矿床在变质变形过程中部分矿石可能遭受了韧性剪切作用（McClay，1983），形成了硫化物糜棱岩（Duckworth and Rickard，1993）或矿石糜棱岩（Gu et al.，2007）。其变质程度一般为绿片岩相（Ulrich et al.，2002），有些达到角闪岩相，如西格陵兰的 Isua 绿岩带块状硫化物矿床（Appel et al.，2001），有的甚至达到了麻粒岩相，其 $p - T$ 条件为 500 ~ 600MPa、750 ~ 800℃；有些矿床经历了至少 5 期变形作用，如澳大利亚 Broken Hill 矿床（Spray et al.，2008）。变形变质作用可以导致成矿物质的再活化（remobilization）和富集（Marshall and Gilligan，1987），形成了矿化构造岩。这些是由于构造变形和动力变质作用而形成的矿石和矿化岩石，部分因强烈的构造变形则形成矿石糜棱岩，如瑞典 Renstrom VMS 矿床（Duckworth and Rickard，1993）、辽宁红透山铜矿（顾连兴等，2004）等。在造山 – 变质环境下，不仅 VMS 矿床可以受到变质改造，而且斑岩型矿床也可以受到改造叠加，如黑龙江多宝山铜矿床（魏浩等，2011）。因此，研究造山 – 变质环境下的矿床变形变质及流体叠加成矿具有重要意义。

　　阿尔泰地区早中泥盆世形成的海相火山沉积矿床，在晚泥盆世以来的造山 –

变质环境里也经受了变形变质作用，原生矿石在不同程度上被改造，形成各种碎裂结构、糜棱结构等，成为矿化构造岩或矿石糜棱岩（徐九华等，2009）。近年来对该区 VMS 和 SEDEX 系统矿床的变形变质作用、成矿物质再活化，以及叠加成矿作用的研究文献逐渐见有报道（Xu et al.，2011；Zheng et al.，2013），这有助于重新认识一些重要矿床的成因并解决其分歧问题。

6.2 阿尔泰南缘海相火山沉积矿床地质

阿尔泰南缘在早中泥盆世处于陆缘拉张环境，形成了一系列 NW 向裂谷带以及火山沉积盆地（董永观等，2002；Wang et al.，2000），它们是活动陆缘的断陷盆地，形成于古亚洲洋板块俯冲作用过程（牛贺才等，2006）。由西向东依次有阿舍勒、冲乎尔、克朗和麦兹等四大盆地，火山活动强烈，形成了一系列重要的海相火山沉积矿床，如阿舍勒盆地的阿舍勒大型 VMS 铜锌矿床，麦兹盆地的蒙库铁矿床和可可塔勒大型铅锌矿床。克兰盆地是阿尔泰南缘最大的晚古生代火山沉积盆地，产出 VMS 型或 SEDEX 型铁、铜、铅锌等海相火山沉积矿床（尹意求等，2005）。本节重点研究了克兰盆地内的铁木尔特铅锌（铜）矿床、大东沟铅锌矿床，麦兹盆地的蒙库铁矿床等。

6.2.1 铁木尔特铅锌（铜）矿床地质

铁木尔特铅锌（铜）矿床位于阿勒泰市东约 10km，处于克兰晚古生代火山沉积盆地的中部，构造上产于阿勒泰倒转复向斜的北东倒转翼。矿区主要地层有下泥盆统康布铁堡组（D_1k）和中泥盆统阿勒泰组（D_2a），在海西早期上述地层普遍发生以绿片岩相为主的区域变质作用。1984～2002 年，有色物探队和 706 队在该区开展地、物、化普查找矿工作，发现了铁木尔特铅锌（铜）矿床，获 Pb +Zn 普查资源量 29 万吨，Cu 远景资源量 1.4 万吨（姜俊，2003）。

铁木尔特铅锌（铜）矿床的铅－锌矿体分布于下泥盆统康布铁堡组上亚组第二岩性段（$D_1k_2^2$）中（图 3－1），为一套绿泥黑云石英片岩、不纯大理岩、变钙质粉砂岩、类矽卡岩等互为夹层的岩石组合，含矿围岩为各类热水沉积岩和正常沉积岩系，受火山洼地中碳酸盐沉积层位的控制。康布铁堡组上亚组第二岩性段是矿区内金、铜、铅、锌元素的主要含矿层位。该岩性段以正常的浅海相黏土质沉积和碳酸盐沉积为主，有少量的安山质－英安质－流纹质火山细碎屑的混入，与上覆和下伏地层均为整合接触。铅、锌主要赋存于该岩性段的下、中部钙质变砂岩层和锰质大理岩中，赋矿岩石为钙质变砂岩、大理岩、似矽卡岩。

矿区褶皱构造较为复杂：萨热阔布复向斜横贯矿区，北翼有恰夏复背斜。阿巴宫断裂和克因宫断裂控制着康布铁堡组的分布，SW 边缘以阿巴宫断裂为界与阿勒泰镇组接触，NE 边缘则以克因宫断裂为界与中－上志留统库鲁木提群呈断层接触。矿区内控容矿断裂较多，主要发育在区内康布铁堡组上亚组第二岩性段内，多沿含矿层内的含铁质较多、钙锰质较多的岩层与变流纹质晶屑凝灰岩的接触界面等处发育，一般长几十米至千余米。

矿区的岩浆岩分布广泛，侵入体有二长花岗斑岩、钾长花岗斑岩等，初步可以确定矿区岩浆岩大多是典型的钾交代岩，只有极少数呈现钾钠混合交代特征。

铁木尔特铅锌（铜）矿床矿体走向 SE – NW，长度为 6250m，宽度为 300 ~ 500m，出露面积为 3km^2。有 27 个矿体，1 号、4 号、5 号、6 号、27 号为主矿体，单个矿体长度为 150 ~ 800m，宽度为 1 ~ 49m。其中 1 号（19 ~ 47 线）和 4 号主矿体（103 ~ 155 线）为"黑矿型"块状硫化物富铅锌矿体，发育"黑烟囱"，其余为喷流沉积纹层状铅锌矿。目前控制的工业矿化区可分为 39 线、147 线两个，两者均位于向斜南翼。147 线矿化区位于矿区中部偏东南，长约 1.5km，倾向北东，倾角 65° ~ 75°。矿化较好的部位为 147 ~ 159 线段，以 Pb、Zn 矿化为主，受局部洼地控制，产于硅质大理岩、富锰大理岩及薄层似矽卡岩中（图 6 – 1a），与富硅、锰的化学沉积密切相关，矿石构造以条带状和浸染状为主。39 线矿化区约 1km，含矿层走向北西，倾向北东，倾角 40° ~ 60°，主要为与地层整合产出的 1 号矿体（图 6 – 1b）。

矿化在横向和垂向上均有一定的分带性。横向上以 39 线为中心，矿层厚度大，品位高，出现较多的块状和角砾状矿石，为 Cu – Pb – Zn – Ag 综合矿体，到南东 21 线一带为厚度较小的 Pb、Zn 矿体，伴有大量条带状磁铁矿，往北西 47 线也出现大量条带状磁铁矿，矿化程度低，以条带状和浸染状构造为主，说明 39 线一带为矿化中心。

据姜俊（2003）研究，矿区发育的主要蚀变为两种类型：矿层蚀变和矿下大型层控状蚀变。矿层蚀变范围较小，局限于矿（化）体附近，有硅化、黄铁矿化和矿层中岩屑晶屑凝灰岩的绿泥石化 – 绢云母化等。矿下大型层控状蚀变带有钾化带和绿色蚀变带。钾化带位于铁木尔特向斜核部的 $D_1 k_2^3$ 层位中，呈透镜状分布于 119 线至恰夏沟口，矿物组合以钾长石和石英为主，绢云母次之；绿色蚀变带在铁木尔特 39 线 1 号矿体之下凝灰岩中，主要为绿泥石化。此外，在铁木尔特铅锌（铜）矿床的矿体底板常发生矽卡岩化作用，形成了广泛发育的层状似矽卡岩类。

铁木尔特铅锌（铜）矿 1 号和 4 号主矿体为"黑矿型"块状硫化物富铅锌矿体，"黑烟囱"发育，其"黑烟囱"由高孔隙度的喷管和管侧的贱金属硫化物组成。喷流沉积纹层状矿石也较发育，主要包括：浸染状黄铁矿型矿石、块状铅锌矿石、条带状铅锌矿石、脉状铜矿石。矿石结构主要为自形 – 半自形结构，交代残余结构、镶边结构、叶片状结构等；矿石构造主要为：条带状、细脉状、浸染状、块状、角砾状构造。矿石中主要金属矿物有方铅矿、闪锌矿、黄铜矿、黄

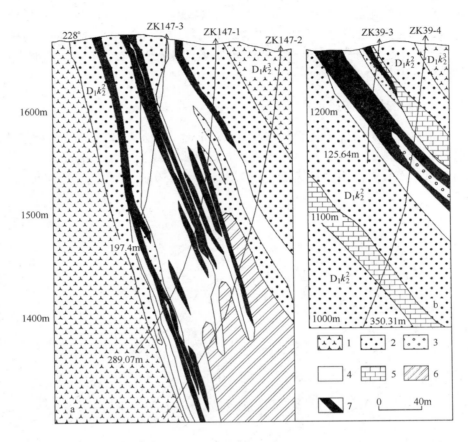

图6-1 铁木尔特铅锌（铜）矿床147勘探线（a）、39勘探线（b）地质剖面略图

（据尹意求等（2005）改绘）

1—变质酸性火山岩类；2—变质粉砂岩类；3—绿泥石化变质粉砂岩类；

4—石榴石绿泥石化大理岩；5—大理岩；6—石英钠长斑岩；7—铅锌矿体

$D_1k_2^1$—康布铁堡组上亚组第一岩性段；$D_1k_2^2$—康布铁堡组上亚组第二岩性段；

$D_1k_2^3$—康布铁堡组上亚组第三岩性段

铁矿和磁黄铁矿，少量磁铁矿和赤铁矿等；主要脉石矿物为石英、透闪石、阳起石、石榴石、角闪石、绿泥石、绿帘石、方解石等。其中常见绿帘石、绿泥石、金云母、阳起石等切穿黄铜矿、磁黄铁矿等，是后期的热液叠加改造作用的反映。

郑义等（2013）获得两件康布铁堡组变质晶屑凝灰岩样品（赋矿围岩）的LA-ICP-MS锆石U-Pb年龄分别为396Ma±5Ma和405Ma±5Ma，与区域上同类矿床的喷流沉积成矿期一致。但是，两件多金属硫化物石英脉中热液黑云母样品的$^{40}Ar/^{39}Ar$坪年龄分别为240Ma±2Ma和235Ma±2Ma，相应的$^{39}Ar/^{36}Ar$-

$^{40}Ar/^{36}Ar$ 等时线年龄分别为 238Ma ± 3Ma 和 233Ma ± 3Ma，与坪年龄在误差范围内一致，该文作者认为这一结果说明了铁木尔特铅锌（铜）矿床为造山型矿床。本书作者认为黑云母 $^{40}Ar/^{39}Ar$ 年龄恰好说明了与碰撞造山有关的热液叠加成矿作用的年代范围。

6.2.2　大东沟铅锌矿床地质

　　大东沟铅锌矿床位于阿勒泰市北东 12km 处，阿尔泰南缘克兰河构造成矿带的西北段。该矿床产于西伯利亚板块、阿勒泰陆缘活动带克朗晚古生代岛弧中部的阿勒泰复向斜内。矿区 SE – NW 长度为 1250m，宽度为 100 ~ 200m（图 6 – 2）。

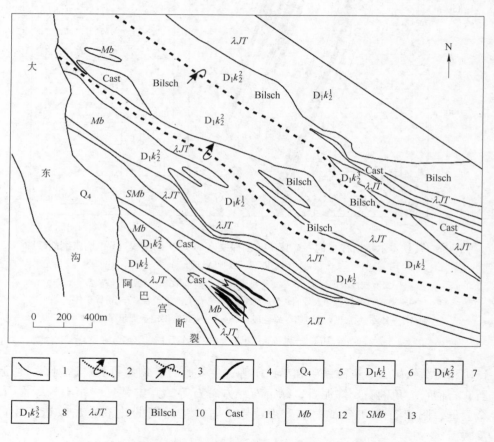

图 6 – 2　大东沟铅锌矿床地质略图（据刘敏等（2009）修绘）

1—地质界线；2—倒转背斜；3—倒转向斜；4—铅锌矿体；5—第四系；
6—康布铁堡组上亚组第一岩性段；7—康布铁堡组上亚组第二岩性段；
8—康布铁堡组上亚组第三岩性段；9—变晶屑凝灰岩；10—黑云母绿泥石、片岩；
11—变钙质砂岩；12—变石英砂岩；13—大理岩

矿区主要构造为大东沟背斜及大东沟向斜和北西向断裂。大东沟背斜沿走向延伸大于 10km，为倒转背斜，两翼产状基本一致，倾向北东，倾角约 80°，其轴部地层为下泥盆统康布铁堡组上亚组第一岩性段，两翼为第一、第二、第三岩性段；大东沟向斜沿走向延伸 10km，为一倒转向斜，两翼产状基本一致，倾向北东，倾角约 80°，其轴部地层为下泥盆统康布铁堡组第三岩性段，两翼为第二岩性段；北西向断裂主要为阿巴宫断裂，为区域性大断裂，位于矿区南西侧，该侧可见断层崖及断层面，形成近 50～100m 宽的断裂带（大东沟）。

矿区内出露地层主要为下泥盆统康布铁堡组上亚组（D_1k_2）和第四系全新统。含矿层位为分布于大东沟背斜两翼的康布铁堡组上亚组第二岩性段（$D_1k_2^2$）。南西翼为一套碳酸盐沉积建造，夹少量火山碎屑沉积，主要岩性为钙质砂岩、大理岩、不纯大理岩及黑云母石英片岩等，层位内普遍发育块状硫化物、火山喷流沉积层和似层状矽卡岩等，铅锌矿体出现在该层位的最厚大部位；北东翼则为一套黏土质－碎屑岩沉积建造，主要岩性为黑云母绿泥石片岩、铁锰质大理岩、石英粉砂岩等。

大东沟铅锌矿床体产于下泥盆统康布铁堡组上亚组第二岩性段中部和下部岩层中目前共见 5 个矿体，其铅和锌平均品位为 1.3%～4.5%（耿新霞等，2012）。

矿体主要赋存于变钙质砂岩和绿泥片岩中，受火山洼地中碳酸盐沉积层位的控制，呈层状、似层状、透镜状分布，基本顺层产出，大致平行。矿体走向 280°～320°，倾向 39°～48°，倾角 75°～85°，局部产状较陡，偶见有反倾现象，矿体一般长 100～600m，厚 2～12m，垂直深度 35～590m。

耿新霞等（2012）利用 LA－ICP－MS 锆石 U－Pb 测年法，获得邻区大东沟矿区两件康布铁堡组上亚组变质流纹岩加权平均年龄分别为 388.9Ma±3.2Ma（MSWD＝3.3）和 400.7Ma±1.6Ma（MSWD＝1.3），认为大东沟铅锌矿为火山岩容矿的喷流沉积型矿床（VMS），两件变质流纹岩年龄限定大东沟铅锌矿的成矿作用发生在早泥盆世（401～389Ma）。

6.2.3 蒙库铁矿床地质

蒙库铁矿区内出露地层主要为中－上志留统库鲁姆提群、下泥盆统康布铁堡组和中泥盆统阿勒泰组（图 6－3）。康布铁堡组下亚组（D_1k_1）可进一步细分为三个岩性段，蒙库铁矿的赋矿地层为康布铁堡组下亚组的第二岩性段，主要岩性为一套海相富钠质的火山－沉积建造，如浅灰白色、灰－深灰色条带状角闪斜长变粒岩、磁铁变粒岩夹斜长角闪片（麻）岩、黑云母片岩、不纯大理岩及贫铁矿条带等。下泥盆统康布铁堡组在海西期褶皱造山过程中，发生了强烈的褶皱变形，形成了铁木夏尔衮紧闭向斜和结别特紧闭向斜。

蒙库早泥盆世火山沉积盆地是麦兹－冲乎尔火山岩亚带的一部分，经历了早

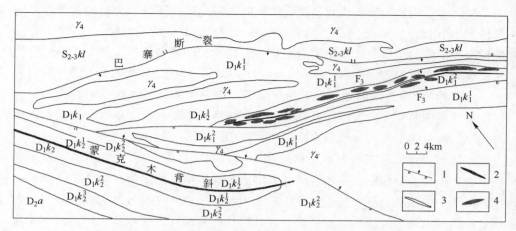

图 6-3　蒙库铁矿区地质简图（据郭正林等（2006）修绘）

1—断层及其编号；2—背斜轴；3—铁木夏尔衮向斜轴；4—铁矿体；

$S_{2-3}kl$—中、上志留统库鲁姆堤群；$D_1k_1^1$—下泥盆统康布铁堡组下亚组第一岩性段；

$D_1k_1^2$—下泥盆统康布铁堡组下亚组第二岩性段；$D_1k_2^1$—下泥盆统康布铁堡组上亚组第一岩性段；

$D_1k_2^2$—下泥盆统康布铁堡组上亚组第二岩性段；$D_1k_2^3$—下泥盆统康布铁堡组上亚组第三岩性段；

D_2a—中泥盆统阿勒泰镇组；γ_4—海西期花岗岩

期以石英角斑质为主的火山沉积构造演化阶段、晚期以细碧 - 角斑质为主的火山沉积构造演化阶段，在经历了大规模的海底火山喷发作用后，形成了一套浅灰白色的石英角斑岩建造（下泥盆统康布铁堡组下亚组），此后形成了铁木夏尔衮次级洼地和结别特次级洼地，随着盆地构造环境由挤压向拉张的演化，其火山作用也相应地由早期偏酸性的石英角斑岩建造演化为晚期偏基性的细碧 - 角斑岩建造。

蒙库铁矿 1 号矿体是矿区内最大的矿体，其他规模较大的矿体有 6 号、7 号、9 号、10 号和 11 号矿体等。所有矿体在地表均有出露，各矿体在平面上呈条带状、分枝状、扁豆状和不规则状形态，沿铁木夏尔衮向斜轴走向呈舒缓的波状延伸，大约 300°；矿体的分叉、交互斜列、收缩膨大、尖灭再现等特征常见。在垂向上，矿体产状基本与围岩一致，仅局部存在较大变化，倾角一般较陡，延伸最大可达地表以下近 600m。

矿石矿物主要是磁铁矿，另有少量黄铜矿、黄铁矿、磁黄铁矿等；脉石矿物种类较多，主要有辉石、角闪石、长石、石榴子石、黑云母、绿帘石、石英、方解石等；矿石具粒状结构，脉石矿物沿磁铁矿矿物颗粒的间隙呈不均匀分布；磁铁矿颗粒粒度变化较大，范围 0.02～3.5mm，以 0.02～1mm 的细粒磁铁矿为主；一般呈自形 - 半自形粒状，也有他形粒状颗粒；矿石的构造以浸染状为主，还有块状构造、条带状构造，相互间无明显界线，呈渐变过渡。

6.3 矿床的变形变质与叠加成矿

6.3.1 克兰火山沉积盆地

克兰火山沉积盆地内的海相火山沉积矿床种类繁多，不仅有铜铅锌多金属块状硫化物矿床，如铁木尔特铅锌（铜）矿、大东沟铅锌矿、塔拉特铅锌矿床等，也有海相火山沉积铁矿床，如阿巴宫铁矿、铁木尔特铁矿等。这些海相火山沉积矿床（VMS 矿床或 SEDEX 矿床）在晚泥盆世以来的造山环境里经受了强烈的变形变质作用。下面重点介绍对铁木尔特铅锌（铜）矿和大东沟铅锌矿的变形变质研究成果。

6.3.1.1 变质围岩特点

位于阿尔泰造山带南缘的克兰河构造－成矿带（图 2－3），在早中泥盆世克兰火山沉积盆地内产出的 VMS 型矿床，如铁木尔特和大东沟铅锌矿床，其矿体都分布于下泥盆统康布铁堡组上亚组第二岩性段中（$D_1k_2^2$）变质岩系中，矿体多呈透镜状、似层状整合产出，发育多个矿化层。$D_1k_2^2$ 原岩以正常的浅海相黏土质沉积和碳酸盐沉积岩系为主，有少量的安山质－英安质－流纹质火山细碎屑的混入。在区域变质作用过程中，海相沉积火山岩和火山碎屑岩遭受了不同程度的变质，形成了黑云石英片岩、钙质云母片岩、变钙质粉砂岩、石榴子石云母片岩、绿泥石英片岩等变质岩，具有片状构造，鳞片变晶结构、斑状变晶结构和粒状变晶结构。主要岩性描述如下：

（1）黑云石英片岩：鳞片变晶结构，主要矿物为黑云母、石英，次要矿物为绿泥石、白云母和磁铁矿。黑云母，褐色或绿色，鳞片状或叶片状，可见叶片呈现轻微的扭折弯曲和云母鱼现象（附录 3 照片 1），显示变质改造特征。黑云母是构成岩石片理的主要矿物，有一定的定向性，部分已蚀变成绿泥石（附录 3 照片 2），总体含量约 50%；石英呈粒状，0.02 ~ 0.1mm，半自形晶，集合体呈眼球状，含量约 30% ~ 40%。

（2）钙质云母片岩：粒状、鳞片变晶结构，主要矿物为方解石、黑云母。方解石，粒状或不规则状，0.05 ~ 0.2mm，单偏光下可见清晰的闪突起和菱形解理，正交偏光下见双晶高级白干涉色。由于后期变质及受力，方解石常呈现透镜状，颗粒双晶还出现明显的扭折现象（附录 3 照片 3），含量约 50%；黑云母，镜下观察为长条状，局部可见粗晶，平行消光，含量约 40%。

（3）变钙质粉砂岩：粒状变晶结构，主要矿物为方解石、石英，次要矿物为黑云母。方解石可见两种形态：一种是沿片理方向分布的透镜状、眼球状方解石集合体（附录 3 照片 4），长 0.2 ~ 0.8mm，宽 0.1 ~ 0.5mm，多呈定向排列；另一种为细粒重结晶的方解石，颗粒细小，他形晶，粒径 0.01 ~ 0.05mm，常与黄铁矿共生形成脉状。颗粒间可见后期充填的脉状闪锌矿、方铅矿。

（4）变晶屑凝灰岩：变余流纹状构造，粒状鳞片变晶结构，浅灰色。主要矿物石英有两种情况：1）晶屑石英0.1～1mm，含量约占20%，长轴定向排列；2）基质中重结晶石英0.005～0.05mm，含量可达60%（附录3照片5）。白云母或绢云母，沿片理方向分布，含量约15%，有时黑云母达20%。

（5）石榴子石云母片岩：斑状变晶结构和鳞片变晶结构，主要矿物为黑云母、白云母、石榴子石，次要矿物为绿泥石。黑云母和白云母呈鳞片状或长条状，部分为粗晶，两种云母相互交织生长，总体含量大于50%；石英，大多数颗粒他形粒状，0.02～0.1mm，含量约30%；石榴子石，多呈变斑晶产出（附录3照片6），2.0～5.0mm，斑晶裂隙发育，也可见细粒状，小于1.0mm，含量约10%；绿泥石，灰绿色，片状、鳞片状，多由黑云母蚀变而来，含量约5%。镜下常见与黑云母、白云母、石榴子石等变质矿物交代闪锌矿、方铅矿等矿石矿物。

（6）绿泥石英片岩：鳞片、粒状变晶结构，主要矿物为石英、绿泥石（附录3照片7），次要矿物为黑云母。石英，他形粒状，粒径0.05～0.1mm，含量大于50%；绿泥石呈片状，含量约30%；黑云母，长条状，含量约5%。

（7）角闪石英片岩：暗绿色，片理构造，粒状柱状变晶，变余晶屑结构。主要矿物：1）普通角闪石约占50%（附录3照片8），角闪石具多色性Np-淡黄绿，Ng-深绿，Nm-绿色，解理夹角56°；2）石英晶屑，波状消光，细粒重结晶石英发育。

黑云母、白云母、绿泥石和角闪石等片状纤状矿物构成了岩石的片理。在显微镜下，各种矿物均显示强烈的剪切变形结构。石英中可见明显的眼球状构造，黑云母中发育云母鱼构造，方解石也常见透镜状分布和双晶扭折。由于强烈的变质作用，某些矿物颗粒重结晶形成了更微细的颗粒，如镜下常见的石英大颗粒间隙中重结晶形成的亚颗粒，而某些矿物则变质形成了新的矿物，如绢云母、绿泥石、石榴子石等。在脆-韧性剪切带中由于应力作用出现了碎裂结构、初糜棱结构和糜棱结构，矿物颗粒几乎全部被破碎成微粒状并具明显的定向分布，其中还残留少量稍大的碎斑，如长石碎斑（附录3照片9）；重结晶细粒石英和拉长的石英形成了拔丝条带（附录3照片10），也常被磨圆呈眼球状（附录3照片11）；斜长石聚片双晶常发生扭折（附录3照片12）。

6.3.1.2　矿石变形变质特点

根据野外产状、矿化和蚀变围岩特点，可识别出两个成矿期：

（1）海相火山喷流成矿期，表现为以浸染状、条带状和块状产出的闪锌矿-方铅矿等硫化物为主的成矿作用，在铁木尔特常见变形的层状铅锌矿和石榴子石绿泥片岩相间沿构造片理方向分布，有时被揉皱状的黄铜矿脉交代（彩图6-1a、彩图6-1b），或被晚期的黄铜矿石英细脉穿插（彩图6-1c）；

（2）变质热液成矿期，又可分为两个阶段，较早的含铜白色－灰白色石英脉，呈脉状或透镜状沿片理方向产于石榴石绿泥片岩、黑云片岩中，可能为同造山期的构造－变质产物（彩图6－1d、彩图6－1f）；较晚的含黄铜矿石英脉斜切浸染状黄铁矿化蚀变岩和层状闪锌矿（彩图6－1c、彩图6－1d、彩图6－1e），或石英呈晶簇状充填于浸染状黄铁矿化蚀变岩中，与更晚的构造－流体作用有关。

矿石结构构造分析是研究变质变形改造的最佳窗口（Craig et al.，1993；顾连兴等，2004b），阐明这些结构构造的形成机理有助于对成矿作用和矿床成因的分析。研究表明，脉石矿物的压溶（pressure solution）可使原矿石变富，硫化物的增生（overgrowth）不仅可使原有矿层叠加变富，而且可将矿胚层改造成为工业矿体。矿石糜棱岩的存在是在块状硫化物矿床内寻找富矿体的标志。在铁木尔特和大东沟铅锌矿，反映压力－重结晶作用的各种的矿石结构构造（邱柱国等，1982）在显微镜下非常清楚，其特征具体表现为：碎斑结构和交代结构（彩图6－2a），塑性流动构造或皱纹状构造（彩图6－2b）、斑状变晶结构（彩图6－2c）、压力影（彩图6－2d、彩图6－2e）和碎裂结构（彩图6－2f）等。

从上述岩矿石结构构造中可以看出，由于金属硫化物在定向压力作用下抗压特性不同，塑性较强的黄铜矿－磁黄铁矿、闪锌矿等常揉皱变形、拉长，并被黑云母、绿泥石和石榴子石等交代，或发生再活化迁移到眼球状石英、石榴子石变斑晶等的裂隙中；较脆性的黄铁矿常以碎裂变形为主，又由于其相对硬度大，在黄铁矿颗粒两侧垂直压应力方向（如彩图6－2e、彩图6－2f的NW－SE方向）增生方铅矿、闪锌矿等，形成了压力影结构。这些特点均反映了与动力变质有关的压力－重结晶作用矿石结构，显然不是VMS的特征。也就是说，本区成矿作用不是仅经过单一的VMS过程，其后期的变质变形过程对成矿亦起重要作用。

6.3.2 蒙库铁矿

蒙库铁矿是目前新疆境内正在开发的最大的铁矿床。对其进行成矿机理以及控矿因素等方面的研究，对于指导找矿勘探实践具有重要意义。然而长期以来，学界对于蒙库铁矿的成因存在着争议，见诸报道的有海相火山－沉积变质（杨炳滨，1981）、火山热液交代、岩浆贯入及火山沉积复合成矿作用（张建中等，1987）、火山喷发－沉积变质（仇仲学，2003）、喷流沉积变质及与岩浆叠加改造作用有关（胡兴平，2004；李嘉兴等，2003；张秀林，2007）、岩浆热液交代（杨良哲，2007）、受变质的VMS型（Wang et al.，2003）以及矽卡岩型（徐林刚，2007）等多种认识；对于成矿期次的认识也有不同的观点，有矽卡岩阶段、退化蚀变岩阶段、石英硫化物阶段的划分方式（徐林刚，2007），也有划分为沉积变质成矿期和表生成矿期的方式，其中沉积变质成矿期又包括无水硅酸盐磁铁矿、含水硅酸盐磁铁矿和磁铁矿 – 硫化物三个阶段。这些众说纷纭的成矿作用认识和不同的成矿期次 – 阶段划分方案，对合理解释矿床成因带来了诸多片面的观点。

关于蒙库铁矿床的成矿期次、成矿阶段的划分，新疆第四地质大队的不同时期和版本的地质勘探报告中，对矿床的成矿作用主要分为两个成矿期，分别是沉积变质成矿期和表生成矿期，其中沉积变质成矿期可分为三个阶段：无水硅酸盐磁铁矿阶段、含水硅酸盐磁铁矿阶段、磁铁矿 – 硫化物阶段。由于"沉积"和"变质"是不可能在一个成矿期内的，因此这种划分方式值得商榷。众多学者对蒙库早泥盆世火山盆地的构造演化进行了较详尽的论述（郭正林等，2006；张招崇等，2006），一般认为经历了两个火山沉积阶段：早期石英角斑质火山沉积阶段和晚期细碧 – 角斑质火山沉积阶段。而对于蒙库铁矿的成矿期，一般认识是经历了三期成矿作用，分别是喷流沉积成矿作用、变质改造成矿作用及岩浆热液叠加富集成矿作用（郭正林等，2007），但并没有进一步提出相应的成矿阶段划分。前人对海相火山沉积成矿期或喷流沉积成矿作用的认识虽然提出了大量证据，但对于后两个成矿作用期，特别是"矽卡岩"与成矿的关系仍有不同的观点（郭正林等，2007；徐林刚等，2007；杨富全等，2008a；杨良哲等，2007）。

根据矿山目前生产已揭露的采剥面、野外露头的野外地质特征调查，矿体的空间分布规律、矿物共生组合和相互穿插关系的相互关系，结合矿石、矿化岩石和蚀变围岩的结构、构造特点，本书作者认为蒙库铁矿床的成矿作用存在三个成矿期，即海相火山沉积成矿期、区域变质成矿期和热液交代成矿期，并认为区域变质期是铁富集的重要成矿期，而热液交代期则可能是与铜矿化有关的成矿期（林龙华等，2010）。

6.3.2.1　海相火山沉积成矿期

这是以海相火山沉积成矿作用为主的、形成一套富含铁质的海相火山沉积建造的时期。从构造环境来看，蒙库铁矿床产于晚古生代陆内裂谷盆地——麦兹火山盆地内，有利于火山喷发产物的沉积富集；其含矿岩系为下泥盆统康布铁堡组（D_1k）变质火山沉积岩系，原岩为海相石英角斑岩 – 角斑质晶屑凝灰岩 – 碳酸盐岩建造（杨炳滨，1981；胡兴平，2004；郭正林等，2006），而主要含矿层下亚组第二岩性段（$D_1k_1^2$）的岩性有含细碧质火山岩（变质为磁铁钙铁辉石岩等）、火山碎屑岩（变质为角闪片麻岩等）和碳酸盐岩（变质为大理岩）夹层（张秀林，2007），这些更是海相火山沉积作用的直接证据。在蒙库铁矿区，矿体往往成群顺层产出，与围岩地层产状基本一致，并常与围岩片麻理发生同步褶皱（彩图 6 – 3a、彩图 6 – 3b）；另外，矿体具有明显的层控特征，与围岩有着清楚的界线。以上证据表明，蒙库铁矿床具有海相火山沉积成矿作用的特征。

6.3.2.2 区域变质成矿期

蒙库铁矿的成矿时代略晚于 404~400Ma，属早泥盆世早期（杨富全等，2008），而这一时期正是阿尔泰造山带的造山暂歇拉张期，其主要特征是沿 NW 向裂谷出现了一系列断裂型火山沉积盆地（刘顺生等，2003），蒙库铁矿床所在的麦兹火山沉积盆地就是其中之一。火山沉积作用初步形成了一套含铁沉积建造，其后又经历了长达 110Ma 主造山期的强烈挤压造山作用，而与之相伴随的是大规模"区域变形变质"作用，所造成的影响便是出现于晚泥盆世到早二叠世（D_3—P_1），被称为"主造山期后阶段的构造成矿作用"（刘顺生等，2003）。这一时期，阿尔泰地区发育了两期区域变质作用，即区域低温动力变质作用和区域动力热流变质作用（徐学纯等，2005）。这两期变质作用，特别是后者对蒙库铁矿的改造、矿化叠加富集产生了重要影响，因此，该成矿期对蒙库铁矿床主矿体的形成有着重要意义。可进一步划分出两个成矿阶段。

A 浸染状–条带状磁铁矿阶段（阶段Ⅰ）

康布铁堡组原岩主要为酸性的石英角斑岩–凝灰岩系列，但蒙库铁矿床主矿体几乎都产于富含铁质的中基性火山岩层位中。在区域变质过程中，富含铁质的中基性火山岩通过重结晶析出细粒磁铁矿，呈浸染状–条带状分布于斜长角闪岩中、角闪片岩或角闪变粒岩中，形成蒙库铁矿床主矿体，其中以 1 号矿体规模最大。矿体或矿脉多顺层分布，边界线与变质线理或面理同步褶皱构造（彩图 6–3b），脉石矿物有斜长石、角闪石、石英和黑云母等，为角闪岩相区域变质作用的产物。在一些斜长角闪岩中可看到 NWW 延长的角闪石被 NNW 向较粗粒的角闪石切穿，磁铁矿主要沿 NWW 向分布的角闪石有关（彩图 6–4a）。浸染状磁铁矿在角闪黑云石英片岩中析出，有时被较晚期的黑云母斜切（彩图 6–4b）。

B 块状磁铁矿阶段（阶段Ⅱ）

块状磁铁矿阶段是形成富矿的主要成矿阶段。在造山带区域变质作用的峰期，由于增强的 NE–SW 向区域主压应力侧向挤压，浸染状–条带状磁铁矿发生局部迁移富集，形成块状磁铁矿，此阶段变质温度和变质压力为：$T = 580 \sim 670℃$，$p = 0.4 \sim 0.5GPa$（郑常青等，2005）。块状磁铁矿常交切含浸染状磁铁矿的磁铁角闪岩等（彩图 6–3c），或包围磁铁角闪岩等（彩图 6–3d）。在角闪变粒岩中，浸染状磁铁矿常有压溶富集现象，被磁铁矿包围的角闪石、石英角砾具较好的可拼性（彩图 6–4c），角闪磁铁变粒岩中磁铁矿压溶富集常沿片理分布（彩图 6–4d）。此阶段还有磁赤铁矿和锐钛矿等矿物形成。块状磁铁矿常呈角砾被后来热液交代期的石榴子石矽卡岩包围（彩图 6–3e）。

6.3.2.3 热液交代成矿期

钙硅酸盐矿物组合（石榴子石矽卡岩）和脉状硫化物组合的发育程度在整个矿床中差别很大，如 1 号矿体中几乎无矽卡岩的产出，而 9 号矿体等石榴子石矽卡岩则十分普遍。磁铁矿和石榴子石存在明显的穿插交代包围关系，所以本书作者将热液交代作用作为有别于区域变质作用的成矿期处理。该成矿期使部分地段形成有工业意义的铜矿化，也使部分地段产生铁的进一步富集，可识别出三个阶段。

A　钙硅酸盐交代阶段（阶段Ⅲ）

区域变质作用的峰期较晚阶段，产生了大量的区域流体。当热液流体在富Ca 的沉积岩和富 Si 的酸性火山岩系层间构造活动时，可使石榴子石、透辉石、绿帘石等钙硅酸盐矿物形成，这些类矽卡岩的形成与矿区外围的侵入岩无直接的联系，与典型的接触交代作用形成的矽卡岩矿床（如安徽铜官山、湖北大冶）明显不同，野外常见石榴子石矽卡岩穿插包围磁铁角闪岩，有时磁铁矿呈角砾被矽卡岩包围交代，如 6 号矿体（彩图 6 – 3e）。在巨厚矽卡岩发育地段，如 9 号矿体北盘、11 号矿体北盘，磁铁矿化并不发育，这些地段向南靠近磁铁角闪岩型矿体处，也伴随有晚期磁铁矿的形成，常发育细脉状 – 网脉状磁铁矿包围矽卡岩角砾。说明晚期磁铁矿可能来自磁铁角闪岩型矿体。康布铁堡组原岩为富钠的酸性火山岩 – 沉积岩建造，钙硅酸盐交代过程钠质并不参加类矽卡岩矿物组合，因此在类矽卡岩发育地段常见晚期钠长石 – 石英脉产出。

还有一个值得注意的现象是：石榴子石（钙铁榴石）大量发育的地段多为海拔较高（多在 1200m 以上）的位置，如 9 号矿体、11 号矿体和 7 号矿体，且多发育在矿体北盘。6 号矿体 1150m 以上也有石榴子石产出，而海拔较低的 1 号矿体（一般 1100m 以下）则基本不发育石榴子石。据研究，剖面图上与磁铁矿化富集有密切联系的次透辉石赋存于钙铁榴石的下部，大量钙铁榴石的出现不利于磁铁矿化富集和工业矿体的形成（杨炳滨，1981）。其原因为本区钙铁榴石氧化度极高（$Fe_2O_3/FeO = 27.6$），在区域变质条件下反映了强氧化环境，而次透辉石 $Fe_2O_3/FeO = 1.02$，与磁铁矿的 $Fe_2O_3/FeO = 2.49$ 更接近。所以，1 号矿体上部的石榴子石可能已经被剥蚀掉，或者由于较还原环境根本就不发育。由此看来，磁铁矿和铁铝榴石（或钙铁榴石）可能是区域变质过程不同环境下的产物，在较早、较还原条件下形成磁铁矿，而在较晚、较氧化条件下形成石榴子石。

B　硫化物阶段（阶段Ⅳ）

在造山带区域变质作用的峰后期，产生降温降压的退变质演化，表现为黑云母、石榴石、红柱石、十字石等矿物发生退化变质，产生绿泥石或白云母的退变质蚀变边缘（郑常青等，2005），峰后期变质阶段的温度为 500～580℃，压力为0.2～0.3GPa。流体的活动成为重要形式，黄铁矿、黄铜矿、斑铜矿等硫化物以细脉状 – 浸染状充填 – 交代早期形成的磁铁矿。在热液活动强烈的地段，黄铜矿、黄铁矿大量交代磁铁矿体形成铜矿体，如 1 号矿体中部。

C　方解石石英脉阶段（阶段Ⅴ）

在热液作用的尾声，方解石石英脉多以充填裂隙的形式穿插于磁铁角闪岩、角闪变粒岩和类矽卡岩中（彩图6-3f）。在某些地段还常见石英钠长石脉切穿类矽卡岩，可能是变粒岩中钠质没有参与类矽卡岩的组成而残留在热液中，尔后形成钠长石脉。该阶段矿化不具工业意义。

6.4 本章小结

（1）阿尔泰南缘的海相火山沉积矿床经历了强烈的区域变质和后期热液叠加成矿作用。在 VMS 或 SEDEX 型铅锌铜矿床中，由区域变质作用形成的同构造石英脉和峰期变质作用之后切穿层状铅锌矿化的脉状铜矿化很发育。矿石中反映压力-重结晶作用的各种结构非常清楚，具体表现有碎斑结构、交代结构、塑性流动结构或揉皱变晶结构、斑状变晶结构、压力影结构和碎裂结构等。在海相火山沉积变质铁矿床中也反映了区域变质作用及后来的热液作用对对早期层状铁矿床的叠加改造作用。

（2）根据野外地质调查和手标本研究，铁木尔特、大东沟等 VMS 铅锌（铜）矿床可识别出两个成矿期：

1）早泥盆世海相火山喷流成矿期，表现为以浸染状、条带状和块状产出的闪锌矿-方铅矿等硫化物为主的成矿作用；

2）变质热液成矿期，又可分为两个阶段：

①较早的白色-灰白色石英脉，呈脉状或透镜状沿片理方向产于石榴石绿泥片岩、黑云片岩中，可能为同造山期的构造-变质产物，局部矿化；

②较晚的含黄铜矿石英脉，斜切浸染状黄铁矿化蚀变岩和层状闪锌矿，与更晚的构造-流体作用有关。

（3）蒙库铁矿床的成矿可识别出三个成矿期：

1）海相火山沉积成矿期，由海底火山活动形成了贫的铁矿体或者矿源层；

2）区域变质成矿期，区域变质成矿期是铁矿形成的重要成矿期，包括浸染状-条带状磁铁矿阶段和块状磁铁矿阶段，区域动力热流变质作用促进了铁质的进一步富集，从而形成了富矿体；

3）晚期的热液交代成矿期，主要是与硫化物-石英脉矿化有关，又可识别出三个阶段，即钙硅酸盐交代阶段、硫化物阶段和方解石石英脉阶段。

7 铁木尔特－大东沟矿床的流体包裹体

王琳琳 褚海霞 徐九华 林龙华 卫晓锋

VMS 型矿床的成矿流体一般为简单的盐－水体系，盐度接近或略高于正常的海水盐度（Ulrich et al. , 2002；Zaw et al. , 2003；常海亮，1997）。富 CO_2 包裹体和含子矿物的高盐度包裹体有时也存在，并被认为是流体混合的端员体系，如川西呷村矿床和甘肃白银厂矿床（侯增谦等，2003；刘斌，1982）。对阿尔泰铁木尔特早泥盆世 VMS 型铅锌矿床的研究则表明，各种脉石英中也含有少量原生特征的盐－水包裹体和含子矿物的高盐度包裹体，但广泛发育的碳质流体包裹体却反映了后期与变质热液作用有关的流体特征。详细研究和探讨 VMS 矿床中的碳质流体包裹体具有重要的地质意义。

7.1 铁木尔特铅锌（铜）矿床的富 CO_2 流体包裹体

7.1.1 流体包裹体岩相学和显微测温

如前所述，铁木尔特铅锌（铜）矿床后期的变质热液成矿期可分为两个阶段：较早的含铜白色－灰白色石英脉，呈脉状或透镜状沿片理方向产于石榴石绿泥片岩、黑云片岩中，可能为同造山期的构造－变质产物；较晚的含黄铜矿石英脉斜切浸染状黄铁矿化蚀变岩和层状闪锌矿，与更晚的构造－流体作用有关。

铁木尔特铅锌（铜）矿床中晚期发育的硫化物石英脉，发育不同期次的包裹体世代，具有明显的先后切穿关系。至少可识别出三个流体包裹体世代（分别用代号 FI0、FI1、FI 表示），这里的 FI 与流体包裹体组合（FIA, fluid inclusion assemblage）的概念（Chi et al. , 2006；Goldstein, 1994）有区别，它们只是在岩相学上可区分先后世代的、空间分布特点不同的包裹体群，其主要特征如下（表 7－1）。

表 7－1 铁木尔特多金属硫化物石英脉不同世代流体包裹体的岩相学和显微测温特征

样品号	样品产地及特征	包裹体世代			备注
		FI0	FI1	FI2	
TM－1	铁木尔特 27 号矿体条带状 Pb－Zn 矿石，闪锌矿、方铅矿稠密浸染状分布，绿泥石化发育	个别石英颗粒内见有 L－V－S 型包裹体（FI0）	$L_{CO_2－CH_4}$ 型包裹体（FI1）带状分布，常沿石英颗粒边界	$L_{CO_2－CH_4}$ 型，带状分布，常沿石英颗粒边界 $T_{m, CO_2} = -60.4 \sim -59$℃(6) $T_{h, CO_2} = -6.8 \sim +25.4$℃(9)	

样品号	样品产地及特征	包裹体世代			备注
		FI0	FI1	FI2	
TM-2	铁木尔特 27 号矿体，碳酸盐–石英脉 Pb–Zn 矿石		石英中 FI1 为 $L_{CO_2-CH_4}$ 型，带状分布，常沿石英颗粒边界	$L_{CO_2-CH_4}$ 型，带状分布，常沿石英颗粒边界 $T_{m,CO_2} = -68 \sim -72℃(3)$；$-56.6℃(8)$ $T_{h,CO_2} = -12℃$，$-7.8 \sim +2.6℃(8)$	
TM204	铁木尔特 27 号矿体，晚期含黄铜矿（少量方铅矿、磁黄铁矿）石英脉，该石英脉切穿石榴石绿泥片岩	$L-V-S$ 型，子晶为立方体 NaCl，$2 \sim 10\mu m$，孤立残余，较少，被其他两组叠加。$T_{m,NaCl} = 210 \sim 330℃(5)$ $T_{h,tot} = 387 \sim 512℃$ (6)	L 型或 $L-V$ 型，小，$1 \sim 5\mu m$，线性分布，有时两组呈共轭状	$L_{CO_2-CH_4}$ 型或 $L_{CO_2-N_2}$ 型，$5 \sim 20\mu m$，带状分布，常沿石英颗粒边界 $T_{m,CO_2} = -80.5 \sim -65.5℃(25)$ $-59.6 \sim -60.8℃(22)$ $T_{h,CO_2} = -25 \sim -56.0℃(21)$ $-27.5 \sim +5.0℃(26)$ 与 $L_{CO_2-CH_4}$ 型等共生的 $L_{CO_2-CH_4}-L_{H_2O}$ 型：$T_h = 258 \sim 333℃$	FI2 经激光拉曼分析常见 $L_{CO_4-N_2}$ 型
TM205	铁木尔特 1 号矿体，含黄铜矿石英脉，石英呈晶簇状充填于浸染状黄铁矿化粗晶角闪石的蚀变岩中	$L-V-S$ 型，$2 \sim 10\mu m$，无序分布，有时孤立出现，较多；子晶为立方体 NaCl，有时为浑圆状 KCl。$T_h = 203 \sim 292℃$（气泡消失温度）$T_{m,tot} = 354 \sim 357℃$ $T_{m,NaCl} = 289 \sim 353℃$ (7) $T_{h,tot} = 369 \sim 470℃$ (7)	L 型，$L-V$ 型，小，$1 \sim 5\mu m$，线性分布，穿透石英颗粒边界，又被 FI2 近直角切穿。$T_{m,CO_2} = -60.1℃$ $T_{h,CO_2} = +5.9 \sim +13.51℃$	$L_{CO_2-CH_4}$ 型，（单相为主），$5 \sim 20\mu m$，带状分布，明显穿透石英颗粒边界 $T_{m,CO_2} = -60.2 \sim -57.7℃(20)$ $T_{h,CO_2} = -4.5 \sim +27℃(16)$	FI2 经激光拉曼分析常见 $L_{CO_4-N_2}$ 型
TM206	铁木尔特铅锌（铜）矿 1 号矿体，石英脉穿插黑云片岩，后者有浸染状黄铜矿黄铁矿穿插于黑云片岩中	$L-V-S$ 型，子晶为立方体 NaCl，雁列状分布，有时孤立出现，较小，$2 \sim 5\mu m$		$L_{CO_2-CH_4}$ 型，$T_{m,CO_2} = -63.3 \sim -56.7℃(11)$ $-58.1℃(3)$ $T_{h,CO_2} = -15 \sim 0℃(3)$ $+29.7℃(3)$	
TM301	铁木尔特铅锌（铜）矿，与铅锌矿伴生的石英脉	$L-V-S$ 型，子晶为立方体 NaCl，雁列状分布，有时孤立出现，较小，$2 \sim 5\mu m$		1）$L_{CO_2-CH_4}$ 型，带状分布，常沿石英颗粒边界 $T_{m,CO_2} = -61 \sim -60.9℃(3)$ $T_{h,CO_2} = -0.8 \sim +0.6℃(3)$ 2）$L_{CO_2}-L_{H_2O}$ 型：$T_{m,CO_2} = -66.9 \sim -60.9℃(6)$ $T_{h,CO_2} = -13.3 \sim +2.3℃(6)$ $T_{h,tot} = 243 \sim 361℃(12)$	FI2 中见 L_{CH_4} 型，$T_{h,CH_4} = -165℃$
TM305	铁木尔特铅锌（铜）矿，夹于石榴子石绿泥石化片岩中的石英脉	$L-V-S$ 型，$L-V$ 型，无序分布，被 FI1 夹持，并被 FI2 切穿	L 型，$L-V$ 型，小，$1 \sim 5\mu m$，线性分布，穿透石英颗粒边界，又被 FI2 近直角切穿	$L_{CO_2}-L_{H_2O}$ 型，$5 \sim 20\mu m$ $T_{m,CO_2} = -62.7 \sim -61.1℃(9)$ $T_{h,CO_2} = 13.9 \sim 22.4℃(8)$ $T_{h,tot} = 220 \sim 412℃(7)$	FI2 经激光拉曼分析见 $L_{CH_4-N_2}$ 型

（1）高盐度流体包裹体（FI0）。高盐度流体包裹体主要为含子矿物的多相包裹体（L－V－S 型），部分为气液两相包裹体（L－V 型），大小 2 ~ 10μm，子晶为立方体 NaCl，有时为浑圆状 KCl。FI0 局限于单个石英颗粒内，包裹体呈无序分布，或呈孤立的单个包裹体分布（图 7－1a、图 7－1b）。显微测温表明，包裹体的最终均一温度 $T_{h,tot}$ = 322 ~ 423℃，均一过程有些包裹体气泡先消失（203 ~ 292℃）NaCl 子晶最后消失达到均一，而另一些包裹体 NaCl 子晶先消失（303 ~ 326℃）气泡后消失达到均一。

（2）CO_2－H_2O 流体包裹体（FI1）。该世代包裹体主要由单相（L_{CO_2}）和两相（L_{CO_2}－L_{H_2O}）的富 CO_2 包裹体组成，大小一般为 1 ~ 5μm。包裹体群呈线性分布，穿透石英颗粒边界，明显属于次生包裹体范畴，反映了成矿后的构造－流体活动的改造特征。由于 FI1 尺寸太小，仅取得了少量数据。据黄铜矿－石英脉样品 TM205，获得 T_{m,CO_2} = － 60.1℃，T_{h,CO_2} = ＋ 5.9 ~ ＋ 13.51℃。

（3）碳质（CO_2－CH_4－N_2）流体包裹体（FI2）。碳质流体包裹体广泛发育，其包裹体主要由单相（L_{CO_2}、$L_{CO_2-CH_4}$ 或 $L_{CO_2-N_2}$）（图 7－1g、图 7－1h）、少量两相（L_{CO_2}－L_{H_2O}）富 CO_2 包裹体组成，大小 5 ~ 20μm，常呈带状成群分布，明显穿透石英颗粒边界，并切断 FI1，是晚于 FI1 的次生包裹体世代，反映晚期较大的构造－流体活动。显微测温统计表明，碳质流体包裹体可分为两大组；第一组为 L_{CO_2} 型包裹体，其 T_{m,CO_2} = － 63.3 ~ － 57.7℃，T_{h,CO_2} = － 27.5 ~ ＋ 29.7℃；

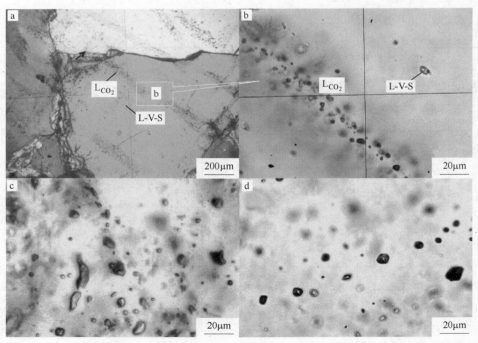

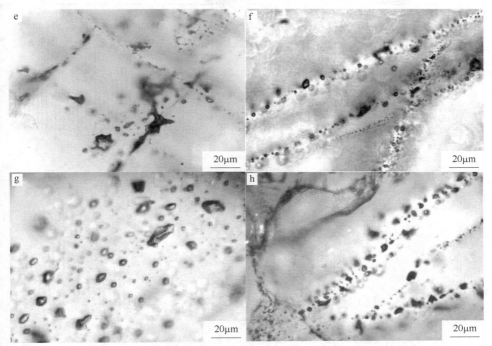

图7-1 铁木尔特和大东沟铅锌矿床脉状石英中流体包裹体特征

a—次生碳质包裹体 L_{CO_2} 呈 NW-SE（并非真正的方位，只是为读图方便假设照片上方为北）

分布穿过矿物颗粒边界，原生 L-V-S 包裹体在中心，无序分布，TM205，正交偏光；

b—孤立分布的 L-V-S 包裹体，a 图的局部放大；c—次生的 $L_{CO_2-N_2}$ 包裹体，DD-3；

d—定向分布的碳质流体包裹体，DD34；e—两组次生碳质流体，TM-3，单偏光；

f—两个世代的碳质流体，DD26，单偏光；

g—黄铜矿石英脉中石英颗粒内无序分布的碳质流体包裹体，TM204；

h—石英颗粒内分布的假次生碳质流体包裹体，TM-1

第二组为 $L_{CO_2-CH_4}$ 型或 $L_{CO_2-N_2}$ 型包裹体，它们的 $T_{m,CO_2} = -80.5 \sim -65.5℃$，$T_{h,CO_2} = -56.0 \sim -5.0℃$（图7-2）。与碳质流体共生的少量 $L_{CO_2}-L_{H_2O}$ 型包裹体的 CO_2 相 $T_{m,CO_2} = -66.9 \sim -60.9℃$，$T_{h,CO_2} = -13.3 \sim +2.3℃$，包裹体的最终均一温度 $T_{h,tot} = 243 \sim 361℃$。

7.1.2 碳质流体包裹体的成分和压力特点

根据 Van den Kerkhof 和 Thiery（2001）的 $CO_2-CH_4-N_2$ 体系包裹体低温相变过程分类，本矿床实例均为 H 型包裹体，即包裹体的均一温度（T_{h,CO_2}）高于固相熔化温度（T_{m,CO_2}），在31℃前液相和气相均一成单相（液相或气相），且在显微测温的升温过程经历了 SLG-LG-L 的相变。由 Thiery 等（1994）的 $V-X$

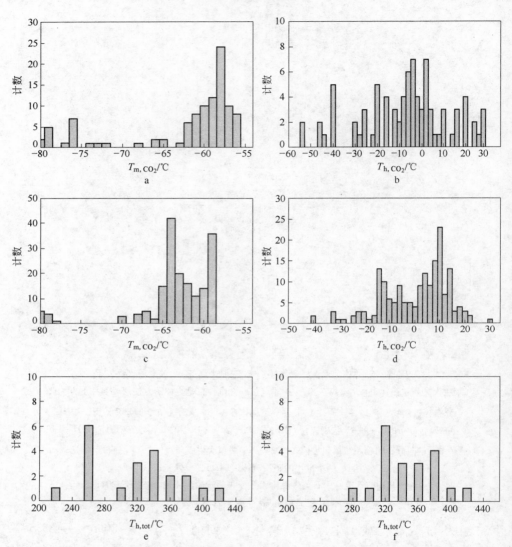

图 7 - 2　铁木尔特和大东沟矿床的碳质流体包裹体和 CO_2 - H_2O 包裹体的显微测温数据直方图

　　　　a—铁木尔特的碳质流体包裹体固相 CO_2 消失温度（T_{m,CO_2}）；

　　　　b—铁木尔特的碳质流体包裹体的均一温度（T_{h,CO_2}）；

　　　　c—大东沟矿床的碳质流体包裹体固相 CO_2 消失温度（T_{m,CO_2}）；

　　　　d—大东沟矿床的碳质流体包裹体的均一温度（T_{h,CO_2}）；

　　　e—铁木尔特与碳质流体包裹体伴生的 CO_2 - H_2O 包裹体的均一温度（$T_{h,tot}$）；

　　f—大东沟与碳质流体包裹体伴生的 CO_2 - H_2O 包裹体的均一温度（$T_{h,tot}$）

相图，可从显微测温中获得的 T_{h,CO_2} 和 T_{m,CO_2} 来求得体系的摩尔体积（cm^3/mol）和 CH_4 或 N_2 的摩尔分数。估算结果表明，碳质流体 FI2 的两类包裹体，即第一

类为 L_{CO_2} 型流体包裹体的 X_{CH_4} 为 0 ~ 0. 2，其摩尔体积为 40 ~ 80cm³/mol，相当于密度 1. 1 ~ 0. 52g/cm³；第二类中的 $L_{CO_2-N_2}$ 型包裹体，采用 Thiery 等 CO_2-N_2 体系的 $V-X$ 相图，其 X_{N_2} 约 0. 4 ~ 0. 5，其摩尔体积为 40 ~ 50cm³/mol，相当于密度 0. 93 ~ 0. 72g/cm³。由这两类碳质流体包裹体的摩尔体积，结合与其共生的 $L_{CO_2}-L_{H_2O}$ 型包裹体的均一温度范围，即可根据 Van den Kerkhof 和 Thiery（2001）的 CO_2、CH_4、N_2 体系等容线 $p-T$ 相图估算流体的捕获压力达 80 ~ 380MPa。

7.2 大东沟铅锌矿的富 CO_2 流体包裹体

7.2.1 流体包裹体岩相学和显微测温

大东沟铅锌矿床产出两类矿化石英脉，即沿片理方向顺层分布于绿泥片岩黑云片岩中较早期的同构造白色 - 灰白色黄铁矿石英脉（QⅠ）、透镜状分布以一定角度斜切钙质砂岩绿泥片岩的较晚期的硫化物石英脉（QⅡ）。两种石英脉都含有丰富的流体包裹体，选取大东沟铅锌矿床顺层石英脉 QⅠ 和切层石英脉 QⅡ 中的含有个体较大、清晰度好的包裹体样品进行显微测温研究。显微测温实验在北京科技大学包裹体实验室进行，实验所用的冷热台型号为 Linkam 公司的 THMSG600，采用液氮冷却，电炉丝加热，测试过程用 Linksys 软件控制，测温范围为 - 196 ~ + 600℃，冷冻和加热数据的测温精度分别为 ± 0. 1℃ 和 ± 1. 0℃。

包裹体的主要岩相学特征是：（1）孤立产出的原生包裹体。此种产状数量不太多，主要由碳质包裹体和少量 $L_{H_2O}-L_{CO_2}$ 型组成，包裹体无序分布，为变质热液石英脉形成时捕获的原生包裹体（图 7-1c）。其中碳质包裹体大小 5 ~ 14μm，$L_{H_2O}-L_{CO_2}$ 包裹体大小 6 ~ 28μm。（2）愈合裂隙中线状（带状）排列的包裹体。该类型广泛发育，其包裹体主要由碳质包裹体组成，大小 4 ~ 37μm，常呈群体带状、面状分布；包裹体有的位于石英颗粒边界，可能为假次生包裹体，有的穿透石英颗粒边界（穿透性包裹体），为次生包裹体，反映了更晚的区域动力热流变质作用。镜下还可见少量 $L_{H_2O}-L_{CO_2}$ 型和 $L_{CO_2}-L_{H_2O}$ 型包裹体与碳质包裹体伴生。

两类变质石英脉的显微测温结果（表 7-2）分述如下：

（1）顺层石英脉（QⅠ）。顺层石英脉内原生包裹体多已破坏，镜下观察仅见愈合裂隙中呈带状分布、面状分布的包裹体，不同世代的包裹体交切生长（图 7-1e）。包裹体类型以碳质流体包裹体（L_{CO_2}、$L_{CO_2}-V_{N_2}$ 或 $L_{CO_2}-V_{CH_4}$）为主，大小 7 ~ 25μm，可见少量与之共生的 CO_2-H_2O 两相包裹体（$L_{H_2O}-L_{CO_2}$ 或 $L_{H_2O}-V_{CO_2}$），大小 5 ~ 13μm。对次生包裹体中 29 个碳质包裹体进行冷冻实验，$T_{m,CO_2} = -82. 5 ~ -62. 9℃$，$T_{h,CO_2} = -29. 2 ~ 12. 0℃$；6 个共生的 $L_{H_2O}-L_{CO_2}$ 型包裹体均一温度范围 $T_{h,tot} = 309 ~ 408℃$。

表7－2 大东沟铅锌矿中硫化物石英脉流体包裹体显微测温结果记录

标本号	采样位置	标本产出特征	类型	包裹体显微测温							
				孤立分布的原生包裹体				愈合裂隙中分布的包裹体			
				大小/μm	T_{m,CO_2}/℃	T_{h,CO_2}/℃	$T_{h,tot}$/℃	大小/μm	T_{m,CO_2}/℃	T_{h,CO_2}/℃	$T_{h,tot}$/℃
DD-2	大东沟 1180m	与变质钙质粉砂岩小角度相切的透镜状灰色石英脉,局部见黄铁矿、方铅矿,QII	L_{CO_2}	6.1~28.2(6)	-61.4~-63.9	2.5~18.3	—	5.8~20.3(14)	-61.7~-64.8	-6.2~-20.3	—
			$L_{CO_2}-L_{H_2O}$	8.6(1)	-61.9	17.8	—	5.8~23.3(5)	-61.9~-67.7	-6.2~-18.2	—
			$L_{H_2O}-L_{CO_2}$	9.3~10.9(2)	—	—	301~309	5.2~8.2(2)	—	—	290~342
DD-3	1180m	变质粉质粉砂岩中透镜状灰色石英脉,局部见晶洞(内含有黄铁矿),QII	L_{CO_2}					6.0~50.0(22)	-64.1~-67.7	-20.0~-2.5	—
			$L_{H_2O}-L_{CO_2}$					5.7~8.5(3)	—	—	267~342
DD-4	1180m	与变质钙质粉砂岩小角度相切的透镜状灰色石英脉,局部方铅矿,QII	L_{CO_2}					6.1~25.0(19)	-64.5~-64.9	5.6~25.0	—
DD-5	1180m	与变质钙质粉砂岩小角度相切的透镜状灰色石英脉,可见少量浸染状黄铁矿,QII	L_{CO_2}					4.5~22.1(15)	-60.8~-63.9	-40.2~-20.0	—
			$L_{CO_2}-L_{H_2O}$					14.8(1)	-63.7	13.1	—
			$L_{H_2O}-L_{CO_2}$	5.4~7.9(3)	—	—	420~450	4.1~6.3(7)	—	—	313~430
DD-25	大东沟 1140m	含浸染状方铅矿－闪锌矿的石英脉,脉斜切粗晶黄铁矿化蚀变岩,QII	L_{CO_2}	7.3~8.6(2)	-60.4	-13.4~3.7	—	7.3~29.1(20)	-59.6~-60.2	-10.2~-13.6	—
			$L_{H_2O}-L_{CO_2}$	5.8~10.1(5)	—	—	216~374				
DD-26	1140m	浸染状闪锌矿石,硅化温烈,石英脉平行理分布,QII	L_{CO_2}	12.5~27.8(3)	-61.9~-64.5	-8.4~18.6		4.4~36.9(14)	-60.3~-70.6	-22.2~16.9	—
DD-28	1140m	条带状闪锌矿、方铅矿石英脉(含Py细脉穿面),石英局部具有碎裂状、眼球状构造,被晚期方解石切穿,QII	L_{CO_2}	8.0~17.9(7)	-59.4~-59.6	4.9~14.7		9.4~23.7(11)	-59.5~-59.7	5.8~14.7	—
			$L_{H_2O}-L_{CO_2}$	4.8~14.3(17)	—	—	276~430	3.9~4.8(2)	—	—	345~377
DD-29	1140m	含粗晶黄铁矿的黑云角闪片岩中的石英脉,QI	L_{CO_2}					8.8~23.5(10)	-62.9~-65.3	-12.3~-6.8	—
			$L_{H_2O}-L_{CO_2}$					5.3~13.1			
DD-34	1140m	黄铁矿化石英脉,岩片理顺层分布于绿泥片岩和层状闪锌矿,QI	L_{CO_2}					6.3~15.0(19)	-64.2~-82.5	-31.5~12.0	309~408

注:显微测温实验在北京科技大学包裹体实验室进行,所用的冷冻热台型号为Linkam公司的THMSG600;冷冻和加热数据的测温精度分别为±0.1℃和±1.0℃;括号内数字为包裹体个数。

（2）切层石英脉（QⅡ）。室温下，以碳质流体包裹体（L_{CO_2} 或 $L_{CO_2} - V_{N_2}$ 或 $L_{CO_2} - V_{CH_4}$）为主，还有少量与碳质流体包裹体共生的 $CO_2 - H_2O$ 两相包裹体（$L_{H_2O} - L_{CO_2}$，$L_{H_2O} - V_{CO_2}$ 或 $L_{CO_2} - L_{H_2O}$）。显微测温结果为：

1）测得孤立分布的 $L_{H_2O} - L_{CO_2}$ 型包裹体（27 个），获得 $T_{h,tot} = 216 \sim 450℃$；测得 $L_{CO_2 \pm N_2}$ 型包裹体（18 个），$T_{m,CO_2} = -64.5 \sim -59.4℃$，$T_{h,CO_2} = -13.4 \sim +18.6℃$；

2）测定愈合裂隙中 $L_{CO_2 \pm N_2 \pm CH_4}$ 型包裹体（118 个），得 $T_{m,CO_2} = -70.6 \sim -59.5℃$，$T_{h,CO_2} = -40.2 \sim +20.3℃$（图 7-2）；$L_{H_2O} - L_{CO_2}$ 型（11 个），$T_{h,tot} = 290℃ \sim 430℃$；$L_{CO_2} - L_{H_2O}$ 型（6 个），$T_{m,CO_2} = -67.7 \sim -61.9℃$，$T_{h,CO_2} = -6.2 \sim +18.2℃$。

7.2.2 流体密度和压力估算

据上述显微测温结果，大东沟铅锌矿中顺层石英脉 QⅠ 中与碳质流体包裹体共生的两相 $H_2O - CO_2$ 包裹体 $T_{h,tot}$ 集中在 309～408℃之间；切层石英脉 QⅡ 中孤立产出的 $H_2O - CO_2$ 包裹体 $T_{h,tot}$ 为 216～450℃，与带状碳质流体包裹体共生的 $H_2O - CO_2$ 包裹体 $T_{h,tot}$ 范围集中在 290～430℃之间。这些均一温度可以代表碳质流体包裹体最低捕获温度。确定了碳质流体包裹体中 CO_2 相的均一方式和均一温度后，据此可由 Shepherd 等（1985）的相图计算出 CO_2 相密度。结果表明，顺层石英脉愈合裂隙中产出的包裹体 CO_2 相密度为 0.86～1.08g/cm³（表 7-3）；切层石英脉中孤立分布的包裹体 CO_2 相密度为 0.79～1.02g/cm³，愈合裂隙中产出的包裹体 CO_2 相密度为 0.75～1.15g/cm³（表 7-3）。

表 7-3 大东沟碳质流体包裹体捕获温度、压力估算

样号	期次	包裹体产状	CO_2 相密度/g·cm⁻³	最低捕获温度（均一温度）/℃	最低捕获压力/MPa
DD-2	QⅡ	孤立	0.81～0.92	301～309	150～210
		带状	0.80～0.96	290～340	130～270
DD-3	QⅡ	带状	0.94～1.02	267～342	190～320
DD-4	QⅡ	带状	0.73～0.90	—	—
DD-5	QⅡ	带状	0.79～1.15	313～430	120～540
DD-25	QⅡ	孤立	0.91～1.02	216～374	130～340
DD-26	QⅡ	孤立	0.81～0.97		
		带状	0.82～1.05		
DD-28	QⅡ	孤立	0.83～0.90	216～450	110～280
		带状	0.83～0.90	345～377	165～240
DD-29	QⅠ	带状	0.89～0.99	309～408	180～340
DD-34	QⅠ	带状	0.86～1.08	—	—

注：1. 碳质包裹体的捕获温度和压力借助于与其共生的含 CO_2 两相包裹体近似求得。

2. "—"表示样品中没有与之共生的两相包裹体，故而没有测出碳质包裹体的捕获温压条件。

在 CO_2 等容线 $p-T$ 相图（Juza et al., 1965；Kenndy et al., 1966）上，已知 CO_2 包裹体的密度和捕获温度，可求出 CO_2 包裹体捕获压力。对于大东沟铅锌矿的包裹体，因为碳质包裹体主要为 CO_2，所以可根据 CO_2 密度和最低捕获温度（均一温度），近似得出包裹体最低捕获压力范围（表7－3）：其中顺层石英脉中次生碳质包裹体最低捕获压力 180～340MPa；切层石英脉中原生碳质包裹体最低捕获压力 110～340MPa，次生碳质包裹体最低捕获压力 120～540MPa。

上述压力估算的具体例子如样品 DD－29，石英中带状分布的碳质流体包裹体的密度为 0.89～0.99g/cm^3，与之共生的两相 H_2O-CO_2 包裹体的均一温度（最低捕获温度）范围为 309～408℃。在图 7－3 中找到 309℃对应的位置作垂线分别交 0.89g/cm^3 和 0.99g/cm^3 等密度线于 A、B 两点；用同样的方法，找到 408℃在 0.89g/cm^3 和 0.99g/cm^3 等密度线上相交的位置 C 点和 D 点。则 B 点和 C 点对应的压力轴纵坐标 180～340MPa 即为包裹体最低捕获的压力范围。

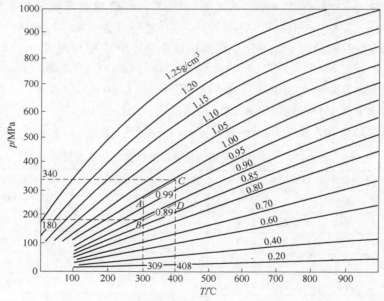

图 7－3 CO_2 的 $p-T$ 相图（底图据 Juza et al., 1965；Kenndy et al., 1966）

7.3 富 CO_2 流体的成分特征

对铁木尔特、大东沟等 VMS/SEDEX 矿床进行激光拉曼探针分析（RAM）的目的是确认碳质流体包裹体的 CO_2、CH_4 等成分特征，并用以对比萨热阔布等造山型金矿的流体包裹体成分特征。实验在中国科学院地质与地球物理研究所流体包裹体实验室或北京大学地质学系激光拉曼探针室进行，测试仪器型号均为 Renishaw 公司 RM－2000 型，实验条件为 514nm Ar^+ 激光器，光谱计数时间 10s，

$1cm^{-1}$ 全波段一次取峰，激光束斑 $1\mu m$。

7.3.1 铁木尔特铅锌（铜）矿

对铁木尔特铅锌（铜）矿的次生碳质流体包裹体世代共做了 50 余个 RAM 分析，结果表明均为无水的 $CO_2 - CH_4 - N_2$ 体系包裹体，其中以 $CO_2 - N_2$ 包裹体最常见，也见纯 CO_2 包裹体，甚至见有 $CH_4 - N_2$ 包裹体。CO_2 谱峰在拉曼位移 $1385cm^{-1}$ 和 $1278cm^{-1}$ 附近显示非常清晰，$2916cm^{-1}$ 附近的 CH_4 谱峰和 $2328cm^{-1}$ 附近的 N_2 谱峰也都很清楚（图 7-4）。这些特征与包裹体显微测温实验所得到的结果完全一致。

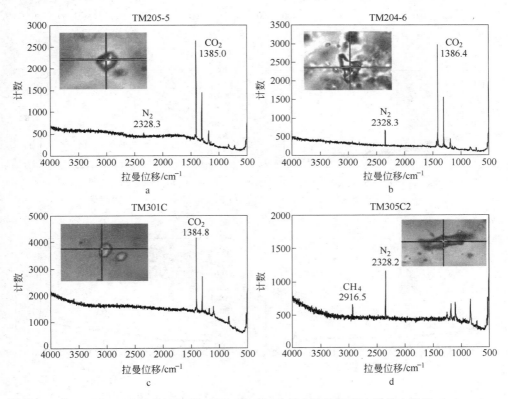

图 7-4 铁木尔特铅锌（铜）矿碳质流体包裹体的激光拉曼光谱图
a, b—$CO_2 - N_2$ 包裹体；c—CO_2 包裹体；d—$CH_4 - N_2$ 包裹体

7.3.2 大东沟铅锌矿

大东沟铅锌矿的测试样品共 8 件，得到数据 55 组。结果表明，大东沟的碳质包裹体成分以 CO_2 为主。对于碳质流体包裹体，在 $1386cm^{-1}$ 和 $1282cm^{-1}$ 附近可见较高的 CO_2 谱峰，大部分样品还可见清晰的 N_2 谱峰（$2329cm^{-1}$ 附近，图 7

－5a、图7－5b、图7－5f），对应 $L_{CO_2-N_2}$ 型包裹体。某些样品仅出现 CO_2 谱峰（图7－5c、图7－5d、图7－5e），结合包裹体显微测温结果。对于 H_2O-CO_2 两相包裹体，两相中分别可见清晰的 CO_2 谱峰和 H_2O 谱峰。

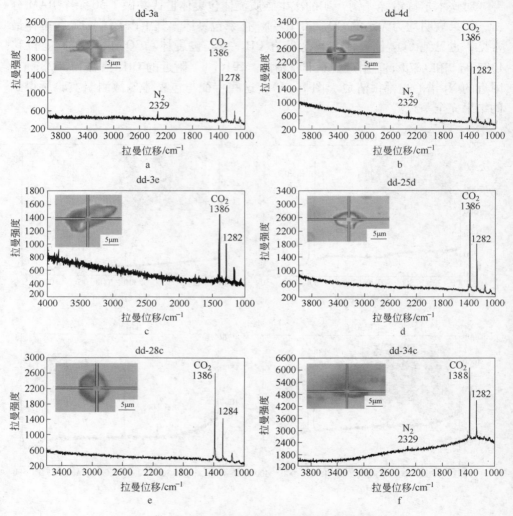

图7－5 大东沟碳质包裹体激光拉曼探针谱峰图

7.4 本章小结

（1）铁木尔特铅锌（铜）矿床闪锌矿中可见较大包裹体，主要由单相（L_{H_2O}）和两相（L－V 型）包裹体组成（附录4），局限于单个闪锌矿颗粒内，包裹体呈无序分布，或呈孤立的单个包裹体分布。重晶石脉中含有较多的包裹体，主要由单相（L_{H_2O}）和两相（L－V 型）包裹体组成，包裹体群呈线状分布。

在铁木尔特铅锌（铜）矿床中晚期含黄铜矿石英脉中发育 3 种不同世代的包裹体，具有明显的先后切穿关系：1）原生流体包裹体（L – V – S 和 L – V），为原生残留的包裹体；2）以 CO_2 – H_2O 包裹体（L_{CO_2} – L_{H_2O}）为主的包裹体，是后期的构造流体；3）碳质（CO_2 – CH_4 – N_2）流体包裹体（L_{CO_2}、$L_{CO_2 - CH_4}$ 或 $L_{CO_2 - N_2}$），反映了晚于 CO_2 – H_2O 包裹体的构造流体。

（2）铁木尔特铅锌（铜）矿床闪锌矿中部分包裹体 550℃ 仍未均一。重晶石脉中两相 L – V 型包裹体最终均一温度 $T_{h,tot}$ = 170 ~ 327℃，均一过程部分包裹体向气相均一（170 ~ 327℃），部分包裹体向液相均一（188 ~ 260℃）。中晚期含黄铜矿石英脉中：1）原生的 L – V – S 型包裹体最终均一温度 $T_{h,tot}$ = 354 ~ 512℃，流体盐度为 32.4% ~ 42.7% NaCl eqv，平均为 37.5% NaCl eqv；切层黄铜矿石英脉中原生的 H_2O – CO_2 包裹体，均一温度较低，为 158 ~ 212℃。2）CO_2 – H_2O 流体包裹体 T_{m,CO_2} = – 60.1℃，T_{h,CO_2} = 5.9 ~ 13.51℃；3）碳质流体 L_{CO_2} 型包裹体，其 T_{m,CO_2} = – 63.3 ~ – 57.7℃，T_{h,CO_2} = – 27.5 ~ + 29.7℃，对应的密度 1.1 ~ 0.52g/cm³；$L_{CO_2 - CH_4}$ 型或 $L_{CO_2 - N_2}$ 型包裹体的 T_{m,CO_2} = – 80.5 ~ – 65.5℃，T_{h,CO_2} = – 56.0 ~ – 5.0℃，对应的密度 0.93 ~ 0.72g/cm³；与碳质流体共生的少量 L_{CO_2} – L_{H_2O} 型包裹体的 CO_2 相 T_{m,CO_2} = – 66.9 ~ – 60.9℃，T_{h,CO_2} = – 13.3 ~ + 2.3℃，包裹体的最终均一温度 $T_{h,tot}$ = 243 ~ 361℃。

（3）大东沟海相火山沉积期闪锌矿中也可见少量残留包裹体，主要由单相（L_{H_2O}）和两相（L – V 型）包裹体组成，呈无序或孤立分布，大都已经破坏。变质热液期石英脉中的包裹体发育大量的碳质流体包裹体（CO_2 – N_2 ± CH_4），可见少量与之共生的 CO_2 – H_2O 两相包裹体。其中顺层石英脉 QⅠ中的碳质流体包裹体 T_{m,CO_2} = – 82.5 ~ – 62.9℃，T_{h,CO_2} = – 29.2 ~ + 12.0℃；切层石英脉 QⅡ中 T_{m,CO_2} = – 64.5 ~ – 59.4℃，T_{h,CO_2} = – 13.4 ~ + 18.6℃。激光拉曼测试表明石英脉碳质包裹体气液主要成分为 CO_2 和 N_2，还有少量 CH_4；SRXRF 测试包裹体中的 Cu、Zn、Pb 明显低于康布铁堡组地层，而部分样品中的 Au 则大大高于地层中的值。

（4）大东沟铅锌矿床碳质包裹体最低捕获温度范围为 209 ~ 459℃ 内，最低形成压力集中在 120 ~ 450MPa 之间，与黑云母变质带当时的区域条件（温度为 445 ~ 550℃，压力为 200 ~ 600MPa）基本吻合。估算石英脉中次生碳质包裹体的形成深度为 4.07 ~ 19.98km。认为大东沟铅锌矿床中的碳质包裹体来源于阿尔泰造山带的区域动力热流变质作用（365 ~ 280Ma），与海相喷流沉积无关。

（5）碳质流体作为克朗盆地内造山 – 变质过程中形成的区域性流体，它对促进海相火山沉积矿床的变形、变质和叠加改造有着重要影响。SRXRF 测试显示碳质流体中的 Au 大大富集，表明了区域造山 – 变质过程中碳质流体与金矿化有着密切的关系，推测造山过程中碳质流体可能带来了 Au 叠加矿化的有利条件。

8 富 CO_2 流体来源与成矿效应

徐九华 王琳琳 褚海霞 林龙华

8.1 富 CO_2 流体来源

8.1.1 地幔岩和变质岩中的 CO_2 流体

前已所述，碳质流体包裹体是指以 CO_2 为主，含一定量的 $CH_4 - N_2$ 挥发分的包裹体（Van den Kerkhof et al. ，2001），在室温下见不到水相。纯 CO_2 流体包裹体常见于地幔橄榄岩和高级变质岩（如麻粒岩）中（Roedder，1984；Van den Kerkhof et al. ，2001；Deines，2002）。CH_4 是低级变质岩中重要的挥发分，而富 N_2 包裹体则发现于榴辉岩中（Anderson et al. ，1990）。利用红外显微镜包裹体显微测温技术，在苏鲁超高压带的金红石中发现了纯 CH_4 包裹体（Ni et al. ，2008；朱霞等，2007）。

Roedder（1965）首次报道在地幔捕房体中发现有原生和次生的 CO_2 流体包裹体存在，并且指出这类包裹体有时还含有玻璃相，其 CO_2 相密度为 $0.7 \sim 0.89 g/cm^3$。夏林圻（1984）首次对我国江苏六合、河北张家口新生代玄武岩中橄榄岩捕房体的 CO_2 流体包裹体做了报道。刘若新等（1992）、樊祺诚等（1992）研究了我国东南沿海地区新昌、明溪地幔岩中的 CO_2 流体包裹体，认为上地幔流体的主要成分为 CO_2，流体包裹体被捕获的深度超过 40km。麻粒岩相岩石的流体包裹体研究也表明，富 CO_2 流体包裹体普遍存在，流体密度从小于 $1.0 g/cm^3$ 至 $1.17 g/cm^3$ 以上，除 CO_2 外还有少量 N_2、CH_4 和 H_2O（沈昆等，1998；董永胜，2001）。

CO_2 流体或碳质流体的起源主要与下地壳的高级变质作用有关，与造山型金矿的形成有重要联系。Santosh 等（2008）报道了华北克拉通北缘古元古界（1.92Ga）超高温（UHT）麻粒岩中同变质的 CO_2 流体研究结果，通过石榴子石、硅线石和石英等矿物中原生 CO_2 包裹体特征的研究，认为峰期变质作用（$p = 1.0 \sim 1.2GPa$，$T \geqslant 1000℃$）期间 CO_2 是最主要的流体。这些矿物中碳质流体包裹体的等容线穿过了估计的岩石退变质 $p - T$ 条件，暗示流体经历了显著的密度变化或在减压过程被重新捕获。高密度碳质流体包裹体，记录了早期捕获的包裹体具有最高的流体密度，并与前人从矿物温压计得到的该区峰期变质作用的 $p - T$ 条件一致；而较低密度的碳质流体则记录了早先捕获的流体包裹体在退变质作用和变质地体后期抬升过程中的再平衡。

Ohyama 等（2008）报道了印度南部 Palghat – Cauvery 剪切带体系内斜长石、十字石和蓝晶石产出原生纯 CO_2 包裹体，而石榴子石和磷灰石中产出次生 CO_2 包裹体。次生 CO_2 包裹体具较低的密度（$0.59 \sim 0.83 g/cm^3$），虽然原生 CO_2 包裹体也具有低 – 中等密度（$0.67 \sim 0.95 g/cm^3$），但在斜长石和碎斑十字石中也有高密度（$1.00 \sim 1.06 g/cm^3$）的 CO_2 包裹体存在。这些高密度原生包裹体的 CO_2 等容线在 1000℃ 处的压力范围为 $0.83 \sim 0.90 GPa$，穿过了岩石的 $p - T$ 轨迹，与该区的峰期变质条件吻合。他们同样认为，那些较低密度的 CO_2 包裹体代表了后期的变化，纯 CO_2 流体最初通过深部剪切断裂来自地幔储库。

Cuney 等（2007）研究了阿尔及利亚 Western Hoggar 下元古界麻粒岩中的包裹体，认为 CO_2 包裹体是超高温（1000℃ 以上）、高压（$1 \sim 1.4 GPa$）的 Ihou-haouene 地区的麻粒岩中的捕获的最主要流体，它们主要由 CO_2 组成，并有少量 CH_4 和 N_2（CH_4 的摩尔分数小于 4%），其密度范围变化于 $1.18 \sim 0.53 g/cm^3$。最早捕获的包裹体记录了碳质流体最高的密度，它们与矿物温压计得到的峰期变质作用的 $p - T$ 条件一致。低密度的碳质流体与退变质作用和变质地体抬升过程中早期碳质流体的再平衡有关，但不排除退变质过程新的碳质流体注入。碳质流体的来源可能与前进变质作用过程原地的不纯大理岩去碳酸作用有关，或来自下伏基性侵入体的 CO_2 流入。该区麻粒岩中次生的水溶液包裹体显然是变质后的。

总之，高密度碳质流体包裹体记录了区域峰期变质作用，而较低密度的 CO_2 包裹体则记录了较晚期的退变质作用。高级变质岩中碳质流体的研究成果可以借鉴用来解释一些与造山型金矿有关的碳质流体起源、演化与成矿作用。

8.1.2 造山型金矿的富 CO_2 流体及其来源

造山型金矿的成矿作用与 $CO_2 - H_2O$ 流体有着密切的联系，低盐度（<6% NaCl eqv）、富 CO_2（CO_2 与 CH_4 之和的摩尔分数为 5% ~ 30%）成矿流体是该类矿床重要特征之一（Groves et al.，1998；Goldfarb et al.，2001；范宏瑞等，2003；Fan et al.，2003；Phillips et al.，2004）。典型的实例包括加拿大 Abitibi 绿岩带、西澳 Yilgar 地块、科迪勒拉山系内华达山脉、俄罗斯和中亚地区，以及我国华北陆台周边的胶东、小秦岭、燕辽等金成矿带。

近年来国外关于造山型金矿床中纯 CO_2 流体或碳质流体（$CO_2 - CH_4 - N_2$）的报道逐渐增多，特别是古生代或前寒武纪形成的金矿床相对富含高密度的（液态）碳质流体包裹体。加拿大红湖绿岩带的 Campbell – Red Lake 金矿床，是最富的太古代金矿之一，其总储量 840t，平均 Au 品位 21g/t。金矿化、硅化和毒砂化都与韧性变形有关。显微测温和激光拉曼光谱分析表明，铁白云石及其共生的石

英 Q_1 和主成矿阶段的石英 Q_2 中的包裹体，都是 CO_2 为主的、含少量 CH_4 和 N_2 的碳质流体（Chi et al.，2006），水溶液包裹体非常稀少。成矿后石英 Q_3 的包裹体也以碳质流体为主，但水溶液包裹体的比例有所增加。Q_2 和 Q_3 中的碳质流体也检测出微量的 H_2S。碳质流体包裹体的 CO_2 相部分均一温度变化较大（ $-4.1 \sim +30.4℃$ ），但单个包裹体组合（FIAs）内变化范围较小（ $0.5 \sim 10.3℃$ ）。关于碳质流体的来源，Chi 等（2006）在研究加拿大 Campbell – Red Lake 金矿床主成矿阶段碳质流体包裹体的成因时，提出了一些值得探讨的问题：（1）碳质流体包裹体是起因于 $H_2O – CO_2$ 包裹体被圈闭后水的优先淋失，还是代表了碳质流体的直接圈闭？（2）水溶液包裹体稀少的原因是流体不混溶过程碳质相优先于水溶液相被捕获，还是说明碳质流体并没有伴随的水溶液相？（3）如果初始流体是贫水的，那么流体是如何运移硅和金并产生围岩蚀变的？在深入讨论相关背景和 Campbell – Red Lake 金矿床的实际之后，Chi 等（2006）认为碳质流体包裹体很可能代表了碳酸盐脉定位和金矿化时期的原始流体，这种流体既可以来自初始水溶液 – 碳质流体的相分离，也可以来自单一的碳质流体。在相分离情况下，那么初始富 CO_2 流体的 $X_{CO_2} > 0.8$，才能产生近于无水的碳质流体；富 CO_2 流体可来源于麻粒岩化的下地壳或来源于岩浆侵入体的早期去气。如果初始流体含一些水（相分离模型），在很多造山型金矿床中 Au 可以金 – 双硫化物络合物的形式迁移；如果初始流体不含水（单一碳质流体模式），Au 则可能以 H_2S 溶剂形式迁移。Chi 等认为主要金矿化的形成与区域构造 – 变质作用和岩浆活动基本上是同时的，成矿流体最可能是变质或岩浆成因的，富 CO_2 流体或是下地壳麻粒岩化高级变质作用的产物，或是岩浆侵入体早期去气作用的产物。

西非 Birimian 造山带由 NE – SW 向的古元古界 Birimian 超群火山岩带和沉积岩构成，其中的 Ashanti 金矿带赋存有几个重要的构造控制的脉金矿床，过去的累计 Au 产量已超过 1500t。Schmidt 等研究了 Ashanti 金矿带中几个金矿床的流体包裹体（Schmidt et al.，1997），发现原生包裹体主要以 CO_2 为主，认为这种纯 CO_2 或 $CO_2 \gg H_2O$（ $X_{CO_2} > 0.8$ ）的流体可能代表了一种还未认识的新类型的成矿流体，因为关于纯 CO_2 成因的两种解释，即水从捕获后的 $H_2O – CO_2$ 体系里淋失，或捕获前 $H_2O – CO_2$ 体系的相分离，都不能说明 Ashanti 金矿带在区域尺度上大量存在纯 CO_2 流体却缺乏 H_2O 溶液流体的事实。他们还认为 Ashanti 金矿床的矿化与退变质的绿泥石化、绢云母化、绿帘石化等无关，这些蚀变是外部建造水的侧向迁移进入剪切带引起的，而矿化只受剪切带和富毒砂的断层泥的控制。Schmidt 等综合考虑 CO_2 流体与 Au 的搬运、沉淀等一系列问题后，认为在长 200km、深 $10 \sim 15km$ 的地壳范围内活跃着区域性的几乎无水的（ $CO_2 \gg H_2O$ ）富挥发分流体，这种流体的活动与区域地壳过程有关。该区壳源矿化流体的推测也得到了稳定同位素的支持。

乌兹别克斯坦共和国穆龙套金矿是世界著名的超大型金矿，其 Au 金属量（平均品位为 2 ~ 3g/t）超过 4300t（Graupner et al., 2001b）。矿床与黑色岩系有密切的成因联系，是中亚成矿域南天山成矿带的典型矿床之一。对该矿床的成矿地质背景、成矿机理和成因引起了各国地质学家极大的兴趣。相对于很多前寒武纪地层中的造山型金矿而言，其古生代成矿是重要的特征。矿床成因也说法不一，有沉积表生说、岩浆热液说和变质成矿说（Graupner et al., 2001b；Kremenetsky, 1994）。穆龙套金矿早期的成矿流体研究仅见于少数俄罗斯学者的研究文献中（Ahyoshin, 1994）。近年来的研究表明（Graupner et al., 2001b），矿脉石英具强烈的变形特征，动力重结晶亚颗粒发育；原生包裹体多被破坏，早期包裹体常被晚期的叠加改造，流体包裹体的主要类型是单相或两相的 CO_2 包裹体；在金成矿过程发生了 $CO_2 - H_2O$ 的相分离。Wilde 等（2001）在穆龙套金矿还发现了几乎为纯 CH_4 的包裹体及微量 H_2S 的 CO_2 包裹体，认为含金流体的演化是一个相对还原（富 CH_4）到氧化（富 CO_2）的过程。对于富 CO_2 流体的来源则有不同的认识，Graupner 等（2001）认为流体的演化经历了不同来源的混合；而 Wilde 等（2001）根据金矿和侵入体的空间关系、接触变质晕叠加的热液蚀变等，认为流体和金属都是岩浆成因的。徐九华等（2007）也报道过穆龙套金矿丰富的 $CO_2 - CH_4$ 包裹体研究结果。对采自露天采场北帮的褐铁矿化石英脉、含毒砂石英脉、多金属硫化物石英脉和围岩中的石英脉体的包裹体岩相学、显微测温和激光拉曼探针研究表明，所有样品中 90% 以上的包裹体属 $CO_2 - CH_4$ 包裹体，且为原生成因，三相点（T_{m,CO_2}）一般为 $-58.6 \sim -65.0$℃，CO_2 相部分均一温度（T_{h,CO_2}）变化大，从 -27.5℃到 $+27.8$℃。T_{m,CO_2} 和 T_{h,CO_2} 有一定的相关性，这与流体体系中的 CH_4 含量有关。根据 Theiry 等（1994）的 VX 相图分析求得 CH_4 摩尔分数约 0.07% ~ 0.23%，摩尔体积为 44 ~ 90cm³/mol。

也有学者认为，碳质流体与 $H_2O - CO_2$ 体系流体的来源不同。Xavier 等（1999）研究了巴西 Rio Itapicuru 绿岩带的 Frazenda Maria Preta 金矿，发现大部分含矿石英脉以 $CO_2 \pm CH_4 \pm N_2$ 包裹体占绝对优势，仅有少数石英脉有 $H_2O - CO_2$ 包裹体；他们认为没有证据表明 $CH_4 \pm N_2$ 流体是 H_2O 流失的结果，可能来源于地幔-岩浆，而 $H_2O - CO_2$ 流体则可能来源于变质反应或长英质岩浆的出溶。Zoheir 等（2008）通过对埃及 Um Egat 金矿和 Dungash 金矿的富 CO_2 包裹体和碳质流体包裹体研究，认为当 $H_2O - CO_2$ 流体运移经过含石墨片岩时可发生如下反应（Johnson et al., 1992）：

$$2H_2O + 2C \Longrightarrow CH_4 + CO_2 \quad (p > 300MPa, \ T \geqslant 400℃)$$

从而形成含 CH_4 的 CO_2 流体。少量的 N_2 可来自变质或热液蚀变过程中火山岩或硅钙质岩石的脱水（Jia and Kerrich, 1999）或围岩中含 NH_4^+ 的云母和长石分解（Dubessy and Ramboz, 1986）。

我国华北陆台周边的胶东、小秦岭、燕辽等金成矿带，是中生代造山型金矿的矿集区，金成矿与富 CO_2 流体密切相关。也有纯 CO_2 包裹体发现，但更多的是低盐度的富 CO_2 的 $L_{H_2O} - L_{CO_2}$ 包裹体，如著名的小秦岭金矿田、胶东玲珑金矿等（范宏瑞等，2003；Jiang et al.，1999；Xu et al.，1997；卢焕章等，1999；王可勇等，2008）。小秦岭文峪 - 东闯、东桐峪等金矿床的早阶段（黄铁矿 - 白色石英脉阶段）和主成矿阶段（金 - 灰色石英 - 黄铁矿阶段和金 - 石英 - 含铁碳酸盐 - 多金属硫化物阶段）以 $CO_2 - H_2O \pm CH_4$ 流体包裹体为主，并见有单相 CO_2 包裹体与其伴生。

8.1.3 VMS 矿床的流体特征

如前文所述，VMS 型矿床的成矿流体，一般为简单的盐 - 水体系，CO_2 流体包裹体为次要的类型（Ulrich et al.，2002；Zaw et al.，2003）。在多数 VMS 矿床中，CO_2 很少对成矿有贡献，如 Iberian 黄铁矿带（Inverno et al.，2008）和 Eskay Creek 矿床（Sherlock et al.，1999）。也有学者认为 CO_2 可存在于 VMS 的原生包裹体中，但其含量很低（Zaw et al.，2003）。对南非 Barbarton 绿岩带豆荚状铁矿体的 CO_2 流体，de Ronde 等（1997）认为是岩浆成因，并没有考虑绿片岩相的变质作用。Hou 等（2008）认为甘肃白银厂 VMS 矿床存在的单相 CO_2 包裹体、两相 CO_2 包裹体、$CO_2 - H_2O$ 包裹体代表了岩浆流体的贡献。对川西呷村 VMS 矿床的流体研究也有类似的结果（Hou et al.，2001）。Appel et al.（2001）在西格林兰 Isua 绿岩带古太古代海底热液体系中发现纯 CH_4 包裹体，认为是独立于盐水体系的流体。Inverno et al.（2008）对 Iberian 黄铁矿带的研究认为，CO_2 对原始成矿流体并没有贡献。但对川西呷村矿床和甘肃白银厂矿床的研究认为是岩浆热液的贡献或是流体端员的混合（Hou et al.，2008；侯增谦等，2003；刘斌，1982）。少量的高盐度包裹体也被认为与海底热卤水有关（Moura，2005）。Hanley 和 Gladney（2011）的研究结果表明，金属成矿元素在 CO_2 流体中活跃，对加拿大安大略北 Roby 带富硫化物的镁铁质伟晶岩的研究发现大量碳质流体的存在；用 LA - ICP - MS 方法分析碳质流体包裹体，检出了 Ni、Cu、Bi、Te、Pb 以及 Mn、Fe 等元素。由于这些元素不可能溶解于纯 CO_2 流体中，所以推测它们存在于碳质流体包裹体壁上的盐水溶液薄膜里。

本书作者对铁木尔特海相火山喷流沉积期的层状闪锌矿、重晶石进行了包裹体研究。由于闪锌矿解理发育，在后期改造中大部分包裹体已破坏。对闪锌矿样品 TM - 303A、TM - 303B 中残留的少量 L - V 型包裹体显微测温表明，一些包裹体 410℃ 以上才破裂，另有少量包裹体 550℃ 仍未均一。可以推测，在阿尔泰地区晚泥盆世 - 早石炭世的区域变质作用中，大部分包裹体已在黑云母带的区域变质温度（445～550℃，张翠光等，2007）下被破坏。激光拉曼探针分析表明，闪锌矿中"包裹体"没有什么谱峰，可能只是一些空洞。重晶石样品 TM - 7 显微测温表明，L - V 型包裹体最终均一温度 $T_{h,tot}$ 为 170 ~ 327℃，激光拉曼探针分析其成分主要为 H_2O，考虑到重晶石是一种易于溶解和再沉淀的矿物，经多次构造 - 热液叠加改造后，其流体包裹体易发生泄漏和颈缩，致使包裹体失去测温意义。塔拉特铅锌矿海相火山沉积喷流成矿期的闪锌矿中也见残留的原生 L - V 盐水包裹体；其中晚期次生的 $H_2O - CO_2$ 包裹体显微测温表明，其 $T_{m,CO_2} = -61.2 \sim -60.2℃(3)$，$T_{h,CO_2} = 6.5 \sim 11.0℃(3)$；还测得次生 L - V 包裹体均一温度 $T_h = 267 \sim 334℃$（6 个数据），与变质热液期石英中的富 CO_2 包裹体数据相当。

很多研究者认为 VMS 矿床中富 CO_2 流体反映了后来的热事件。Bradshaw 等（2008）对加拿大 Wolverine 矿床的研究表明该矿床丰富的 $CO_2 - CH_4$ 流体包裹体具有次生特征，并认为是变质成因的。Inverno 等（2008）也认为葡萄牙 Feitais VMS 矿床的富 CO_2 次生包裹体与区域变质有关。Moura（2005）认为 $CO_2 - CH_4$ 流体来自于富有机质沉积岩的变质过程，如 Neves Corvo Cu - Sn - (Zn) 矿床。常海亮（1997）发现阿尔泰阿舍勒 VMS 铜锌矿的晚期黄铁矿 - 石英脉存在大量次生的纯液态 CO_2 流体包裹体，流体的 Rb - Sr 同位素年龄为 304Ma（晚于 VMS 矿床形成 80Ma 左右），形成压力估算为 170MPa，与阿舍勒盆地古沉积深度不符。因此，该文作者认为阿舍勒铜锌矿的次生 L_{CO_2} 包裹体形成于区域变质热液期。一些学者还认为，变质作用使得 VMS 矿床中的原生包裹体都已遭到破坏，已不能代表矿化流体的特征，所形成的大量变质成因包裹体，既有愈合裂隙中次生包裹体，又有淋失和破裂的包裹体（Giles et al. , 1994；Marshall et al. , 2000）。Marignac 等（2003）报道了 Tharsis VMS 矿床及区域上的 $CO_2 - CH_4 - N_2$ 包裹体，但大多是愈合裂隙中的变质成因流体。在考察多个矿床的实例后，Marshell 等（2000）得出结论，在变质达到绿片岩相的多数 VMS 矿床中原生包裹体已不再保存。

8.2 碳质流体与金成矿

8.2.1 碳质流体对金迁移富集成矿的作用

碳质流体或纯 CO_2 流体能否对金的迁移富集成矿起重要作用，至今仍然存在很大争议。Schmidt Mumm 等（1997）认为西非加纳 Ashanti 金矿带的极富 CO_2 的流体可能代表了一种新的尚未认识的成矿流体；而 Klemd（1998）则否定了这一观点，并且对 CO_2 流体的 $p - T$ 条件进行了质疑。Klemd 认为 Ashanti 金矿带的纯 CO_2 流体是在绿片岩相退变质过程中 $H_2O - CO_2 -$ 盐体系流体的相分离结果，由于 H_2O 在 400MPa 小于 450℃条件下具有很小的二面角，在石英颗粒边界比 CO_2 更具有活动性，因而在韧性变形期间几乎全部被迁移走，矿脉的近矿围岩绿泥石化、绢云母化、绿帘石化增强，就是富 H_2O 流体渗透的结果。然而，认为 Ashanti 金矿床的矿化主要与剪切带和富毒砂的断层泥有关，而与绿泥石化、绢云母化、绿帘石化等无关，这些蚀变需要的 H_2O 来自外部建造水的侧向迁移；Schmidt Mumm 等还认为他们研究的是未经改造的早世代石英颗粒，未遭受后来的变形变质影响。从这些争论中，可以看到关键的问题是：（1）碳质流体包裹体的寄主矿物是否遭受了韧性变形的影响；（2）含金矿脉与绿泥石化、绢云母化等围岩蚀变是否存在密切关系。

    CO_2 究竟对 Au 的富集成矿起什么样的作用，也有多种不同的观点。Klein 和 Fuzikawa（2010）发现巴西 Ipitinga 金矿区的 Cararú 脉金矿床流体包裹体几乎为无水的 CO_2 包裹体，含少量的 N_2、痕量的 CH_4 和 C_2H_6，碳质流体的密度变化很大，反映了捕获期间和捕获后的再平衡。该文作者认为密度大于 $0.9g/cm^3$ 的最稠密包裹体近似反映了原始母流体的性质。这种原始流体既可以是 CO_2 流体，也可以来自 $X_{CO_2} > 0.8$ 的 $CO_2 - H_2O$ 流体的相分离。CO_2 流体填充了裂隙并圈闭于矿脉中，而富水流体使得脉旁围岩产生白云母 – 电气石化蚀变。大部分 CO_2 包裹体在 $350 \sim 475℃$ 和 $180 \sim 360MPa$ 被捕获，指示了脉体形成深度 $7 \sim 12km$，其来源与 2074Ma 的紫苏花岗岩或相当年代的麻粒岩相变质作用有关。CO_2 对 Au 成矿的直接作用至今仍是争论的焦点（Klein and Fuzikawa，2010），主要因为：（1）围岩蚀变需要富水流体的存在；（2）硅酸盐熔体中有限的 CO_2 溶解度；（3）CO_2 流体中金属溶解度有限；（4）金离子和 CO_2 之间很弱的化学键；（5）金通常以氢硫化物或氯化物的络合物进行迁移，而不是富 CO_2 流体。因此，CO_2 对 Au 成矿可能起了间接的作用，如改变 Au 迁移 – 沉淀的物理化学环境（p_{CO_2} 和 pH 值等），使得金络合物不稳定而沉淀。CO_2 在 Au 成矿流体中的作用，可以作为一种 pH 值的缓冲剂，在弱酸 pH 值条件下的流体中，AuH_2S 络合物溶解度最高（卢焕章，2008）。

8.2.2　碳质流体中的微量金属元素

    同步辐射 X 射线荧光（SRXRF）是当今对单个流体包裹体的重金属微量元素进行定量分析的几种重要方法之一。近年来，国际上用 SRXRF 微探针对单个流体包裹体做无损分析研究取得了较快的进展。邬春学等（2002）将这一技术应用于分析石油地质中有机包裹体的成分，连玉等（2008）、李建康等（2008）则开展了金属矿床的气液包裹体研究。为了查明萨热阔布金矿床和铁木尔特碳质流体包裹体的重金属微量元素特征及其区别，本书作者利用 SRXRF 技术对单个碳质流体包裹体进行了微量元素测定，实验条件和数据处理详见连玉等（2008）、李建康等（2008）、林龙华等（2012）及相关文献（Frantz et al.，1988）提供的方法。此次研究共测试了 20 余个包裹体，经拟合、归一化、扣除本底和吸收校正等数据处理步骤，得出各元素的受激荧光计数图（先用国际原子能协会（IAEA）提供的数据处理软件对 SRXRF 图谱进行优化拟合，尔后在拟合曲线中求得到各个元素的净峰面积（peak area）代表该元素在测试中所激发的 X 射线荧光计数和，该计数和反映了元素在试样中的实际含量），然后用标样比较算出各微量元素的含量。

　　本书作者对萨热阔布金矿、铁木尔特铅锌（铜）矿、大东沟铅锌矿等含碳质流体包裹体丰富的脉石英样品进行了 SRXRF 研究。其中测试结果较理想的包裹体（直径均大于20μm）样品有 SR4005 – 2、SR4005 – 3 和 SR21 – 3（萨热阔布金矿的黄铁矿 – 黄铜矿石英脉），TM204a – 1 和 TM204a – 4（铁木尔特铅锌（铜）矿中叠加的含黄铜矿 – 石英脉），以及 DD2D、DD5A、DD25C、DD26A（大东沟铅锌矿叠加的硫化物石英脉）（图 8 – 1）。

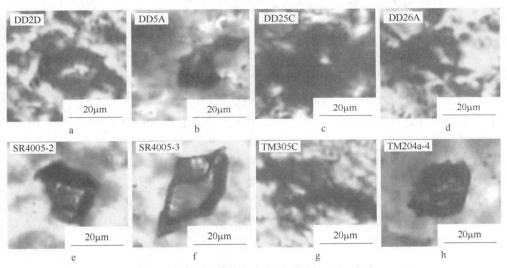

图 8 – 1　大东沟 – 铁木尔特 – 萨热阔布 SRXRF 测试的碳质流体包裹体

　　研究结果显示，碳质流体包裹体中很多重金属微量元素含量相近，但 TM204 的碳质包裹体中没有检出 Au、As 等与金矿化密切相关的元素，而 SR4005、SR21 的碳质包裹体检出 Au 或 As 含量却很高（图 8 – 2），说明萨热阔布的碳质流体对金矿化有贡献。然而，铁木尔特的碳质流体为什么没有形成有意义的金矿化，这可能与地质背景有关，在泥盆纪断陷火山沉积盆地阶段，盆地西北边缘的萨热阔布已形成了金的初步富集，为后来造山型金矿的形成创造了条件，而处于深水洼地的铁木尔特相对较少金的预富集，造山过程的碳质流体不能带来足够 Au 富集的条件。另外，铁木尔特碳质流体 Pb、Zn 含量较高于萨热阔布的，但 Cu 的含量都较低。本次 SRXRF 的研究是初步的，有待于今后进一步工作进行探讨。

　　对计算出的包裹体中微量元素 Cu、Zn、As、Au、Pb 含量进行了比较（表 8 – 1）。测试结果显示，三个矿床碳质包裹体中各元素含量在数值上相近。与康布铁堡组地层相比，碳质流体中的 Cu、Zn、Pb 明显偏低，As 略低；而部分样品中的 Au 则大大高于地层中的值，尤其是萨热阔布，包裹体中的 Au 含量比地层中的富集近达 100 倍。这种现象可能表明，碳质流体主要与金的富集有很大关

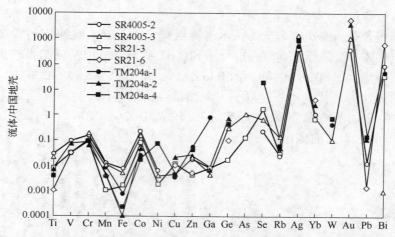

图 8 – 2   萨热阔布、铁木尔特碳质流体包裹体 SRXRF 测量的重金属元素含量

系。实际勘探资料表明，大东沟铅锌矿的伴生金品位 $0.09 \times 10^{-6} \sim 0.61 \times 10^{-6}$，铁木尔特 1 号铅锌矿伴生金品位 $0.10 \times 10^{-6} \sim 0.49 \times 10^{-6}$，铁木尔特 4 号铅锌矿伴生金品位 $0.17 \times 10^{-6} \sim 3.65 \times 10^{-6}$。可以推测，造山过程中碳质流体带来 Au 的叠加矿化，在大东沟铅锌矿和铁木尔特铅锌（铜）矿床的变质硫化物石英脉中伴生金矿化，而在萨热阔布则形成造山型独立金矿床。冀北东坪金矿床的石英包裹体 SRXRF 研究表明，包裹体中含有较高的 Au 元素含量值，也说明了流体对金成矿的重要作用。

表 8 – 1   大东沟包裹体 SRXRF 测试元素含量

样品编号	Cu	Zn	Pb	As	Au	备 注
$D_1 k_2^2$ 地层	102.9×10^{-6}	457.1×10^{-6}	202.8×10^{-6}	9.1×10^{-6}	0.0154×10^{-6}	大东沟
DD2D	1.49×10^{-6}	14.21×10^{-6}	7.20×10^{-6}	0.96×10^{-6}	—	大东沟
DD5A	1.04×10^{-6}	2.90×10^{-6}	1.73×10^{-6}	—	0.87×10^{-6}	大东沟
DD25C	3.33×10^{-6}	3.50×10^{-6}	0.70×10^{-6}	3.30×10^{-6}	0.65×10^{-6}	大东沟
DD26A	0.26×10^{-6}	4.87×10^{-6}	1.90×10^{-6}	—	0.29×10^{-6}	大东沟
TM305C	0.37×10^{-6}	0.37×10^{-6}	0.95×10^{-6}	0.49×10^{-6}	1.76×10^{-6}	铁木尔特
TM204a – 4	0.16×10^{-6}	3.85×10^{-6}	2.17×10^{-6}		—	铁木尔特
SR4005 – 2	—	1.58×10^{-6}	0.20×10^{-6}		1.49×10^{-6}	萨热阔布
SR4005 – 3	0.17×10^{-6}	1.78×10^{-6}	—	2.17×10^{-6}	4.38×10^{-6}	萨热阔布

注：$D_1 k_2^2$ 地层值据刘忠孝等（2007）；"—"表示未检测到该元素含量或其含量极低；计算公式为：$c^i / N^i = c^s / N^s$（式中 c^i、c^s 分别为待测样品和标样中元素的含量；N^i、N^s 分别为待测样品和标样中元素的 Ka 或 La 线的净峰面积计数的平均值；净峰面积值 = 测试峰面积值 × 电离室计数（归一化）× 活时间（归一化）；电离室计数（归一化）= 测试样品的电离室计数/标样的电离室计数；活时间（归一化）= 测试样品的活时间/样品的活时间）。

8.3 克兰盆地金铜石英脉的形成条件

8.3.1 金铜石英脉主体的形成温度

近年来造山－变质环境中的年代学研究使金铜成矿作用的时代更加明朗，阿尔泰萨热阔布金矿石英脉型矿石中黑云母 Ar－Ar 激光剥蚀年龄 213.5Ma±2.3Ma（秦雅静等，2012），乌拉斯沟多金属硫化物阶段蚀变白云母 Ar－Ar 年龄 219.41Ma±2.10Ma 和 219.73Ma±2.17Ma（Zheng et al.，2013），以及蒙库铁矿热液矽卡岩的 LA－ICP－MS 锆石 U－Pb 年龄 250Ma±3Ma（Wan et al.，2012）。因此，金铜石英脉主要形成于阿尔泰南缘碰撞造山及其后伸张时期，相当于二叠纪－早三叠世时期。

金铜石英脉主体是指顺层分布（QⅠ）和切层的（QⅡ）含黄铁矿石英脉，它们早于实际的金铜矿化（浸染状－细脉状黄铁矿脉或黄铜矿－黄铁矿细脉），QⅠ和QⅡ中原生包裹体除了 CO_2－H_2O 包裹体外，还见有少量高盐度包裹体（L－V－S 型）和水溶液包裹体。显微测温显示，大部分 L－V－S 型包裹体 NaCl 子晶先消失，消失温度为 210～357℃，包裹体的最终均一温度 $T_{h,tot}$ 为 369～512℃（表7－1），部分包裹体气泡先消失，包裹体的 $T_{h,tot}$（NaCl 子晶消失）354～357℃。流体盐度为 32.39%～42.68% NaCl eqv。耿新霞等（2010b）测得铁木尔特铅锌（铜）矿热液叠加改造期石英中含子矿物包裹体的 NaCl 子晶先消失（230～365℃），包裹体最终均一温度为 354～514℃，测试结果与本书作者基本一致。刘敏等（2009）对大东沟铅锌矿的研究也有类似结果。原生成因的 L－V－S 型包裹体反映了变质热液作用早期的中高温热液活动特征。L－V－S 型包裹体在斑岩矿床和矽卡岩矿床很常见，在与变质热液有关的造山型金矿早期热液中也有报道，如小秦岭金矿的贫矿或无矿石英脉中常有含 NaCl 子矿物的高盐度包裹体（范宏瑞等，2003）。

根据前文 4.2.2 节、4.3.2 节、7.1.1 节和 7.2.1 节，CO_2－H_2O 包裹体或 H_2O－CO_2 包裹体的均一温度范围较大，就 QⅠ 而言，流体包裹体均一温度可从 227℃到374℃；QⅡ的包裹体均一温度则可变化于 206～370℃。均一温度是捕获温度的最低点，需经压力校正获得温度的增量 ΔT 才能求得捕获温度。由于 CO_2－H_2O 体系的等容线斜率要小于 $NaCl$－H_2O 体系的斜率，同样的均一温度在同样的压力条件下将获得更大的 ΔT。所以，CO_2－H_2O 体系包裹体均一温度低于 L－V－S 包裹体的均一温度应该是合理的。

阿尔泰南缘的变质相带研究（徐学纯等，2005；郑常青等，2005），阿勒泰及克兰盆地周边地区属红柱石－矽线石型递增变质带，铁木尔特－萨热阔布－大东沟地区位于变质带中间的变质程度相对较低的绿泥石－黑云母带和黑云母－石榴石带。据岩相学及相平衡研究（张翠光等，2007），黑云母带变质温度为445～

550℃、变质压力 200～600MPa，石榴石带为 480～566℃、540MPa。因为包裹体的捕获温度高于均一温度，所以早期流体的捕获温度与变质相的相平衡计算温度相当。也就是说，金（铜）石英脉的主体应当是在 450～560℃ 的高温条件下形成的，其热源与区域变质及相关的岩浆活动有关。

8.3.2　金铜矿化的成矿温压条件

高密度的液态碳质流体包裹体是金（铜）石英脉的常见类型。在较晚期的黄铜矿－黄铁矿石英脉（QⅡ）中可表现为原生特征，而在较早的 QⅠ石英脉中常表现为次生特征。萨热阔布的碳质流体可分为低 CH_4（或 N_2）的 CO_2 包裹体（L_{CO_2}）和富 $CH_4(N_2)$ 的 $CO_2 - CH_4(N_2)$ 体系包裹体 2 种，L_{CO_2} 包裹体的固体 CO_2 熔化温度为 $T_{m,CO_2} = -60 \sim -56.5$℃，$CO_2$ 相部分均一温度（T_{h,CO_2}）变化于 $-23 \sim +31$℃，密度也变化较大，一般为 $0.85 \sim 0.89\mathrm{g/m^3}$，高可达 $1.03\mathrm{g/m^3}$，低则为 $0.65 \sim 0.50\mathrm{g/m^3}$。$CO_2 - CH_4$ 体系的 $L_{CO_2 - CH_4}$ 包裹体 $T_{m,CO_2} < -57$℃，甚至可低达 -78.1℃（Xu et al.，2005），T_{h,CO_2} 为 $-33.7 \sim -17.7$℃，其密度高达 $1.01 \sim 1.07\mathrm{g/cm^3}$。VMS 矿床后期的叠加改造黄铜矿石英脉中碳质流体包裹体也可分为 L_{CO_2} 和富 $CH_4 - N_2$ 的 $L_{CO_2 - CH_4 - N_2}$ 包裹体，L_{CO_2} 碳质包裹体 $T_{m,CO_2} = -63.3 \sim -57.7$℃，$T_{h,CO_2} = -27.5 \sim +29.7$℃；而富 $CH_4 - N_2$ 的 $L_{CO_2 - CH_4 - N_2}$ 包裹体 $T_{m,CO_2} = -83.4 \sim -65.5$℃，$T_{h,CO_2} = -56.0 \sim +16.9$℃。

选择几组萨热阔布金矿等碳质流体包裹体（L_{CO_2}）的均一温度 T_{h,CO_2} 及其共生的 $CO_2 - H_2O$ 包裹体完全均一温度 $T_{h,tot}$，在 Van den Kerkhof 和 Thiéry（2001）的 CO_2 流体高温高压相图中投点（图 8-3），同时将前述几个矿床的包裹体研究结果所圈定的富 CO_2 流体的捕获温度压力范围也表示在该图。从理论上讲，由 $CO_2 - H_2O$ 包裹体的均一温度向上引出等容线与 CO_2 包裹体的等容线（图 8-3 中对应于一定的 CO_2 包裹体的均一温度 T_{h,CO_2}）的相交，可由交点获得捕获温度压力，由于较难确定 $CO_2 - H_2O$ 包裹体的等容线，这里直接由 $T_{h,tot}$ 向上引直线与 CO_2 包裹体等容线相交投点，获得压力范围。如果采用 $CO_2 - H_2O$ 包裹体体系的等容线，$p - T$ 范围则还要向右上方偏移，与臧文栓等（2007）根据石英的变形得到的变质温压条件更靠近。此外，碳质流体包裹体中 CH_4 和 N_2 等的存在对温压估计的范围也有影响。

此外，也可以利用一些 $CO_2 - H_2O$ 包裹体的临界均一温度确定临界均一压力，样品 SR05 一组 $CO_2 - H_2O$ 包裹体的 $T_{h,tot}$（临界）$= 292 \sim 296$℃，由 Takenouchi 和 Kennedy（1964）的 $CO_2 - H_2O$ 相图获得压力约 70MPa，由 Sterner 等（1994）的实验相图估测为 90MPa，而由 Duan 等（2003）的状态方程（在线计算）按均一为液相的压力为 67.2MPa。这些临界均一压力是捕获压力的最低值，事实上该样品测区附近已有较多的同类包裹体在 270℃ 以上发生破裂，这至少是石英的内外压差达到 85MPa 引起的（Roedder，1984）。所以金铜矿化的压力范围至少在 85MPa 以上。

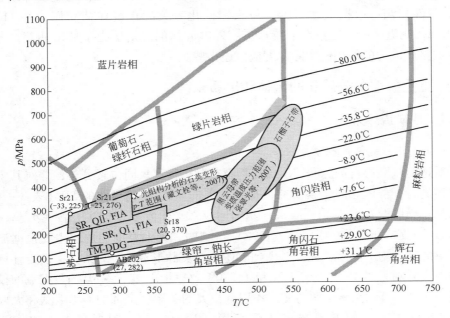

图 8 - 3　金铜石英脉矿化的温度压力估计

（由 T_{h,CO_2} 表示的 CO_2 等容线据 Van den Kerkhof and Thiéry，2001）

（1）圆圈为实测包裹体点，样品号／（L_{CO_2} 碳质包裹体的 T_{h,CO_2}，$L_{CO_2} - L_{H_2O}$ 包裹体的 $T_{h,tot}$）；

（2）四边形方框显示了一些地区的包裹体 $p - T$ 范围（SR，QI，FIA 为萨热阔布金矿 QⅠ 石英脉中碳质流体包裹体组合的 $p - T$ 范围；SR，QⅡ，FIA 为萨热阔布金矿 QⅡ 石英脉中碳质流体包裹体组合的 $p - T$ 范围；TM - DDG 为铁木尔特 - 大东沟矿床叠加的含铜硫化物石英脉中碳质流体包裹体的形成 $p - T$ 范围）

　　在平衡共生的矿物中，黄铁矿＞闪锌矿＞方铅矿的硫同位素分配顺序，可作为判断成矿作用是否达到平衡以及矿物是否属于同期矿化产物的标志。同时，由于共生含硫矿物间的同位素分馏程度受温度控制，因此利用共生矿物对的硫同位素组成可以计算成矿的温度。大东沟铅锌矿床样品 DD16 和 DD30 为后期热液脉状硫化物矿石，且存在 $\delta^{34}S_{Py} > \delta^{34}S_{Sp} > \delta^{34}S_{Gal}$，表明矿物属同期矿化产物，硫同位素大致分馏平衡。按闪锌矿 - 方铅矿硫同位素分馏校准方程为 $1000\ln_{Sph-Gal} = A \times 10^6 / T^2 + B$（$A = 0.74$，$B = 0.08$）（丁悌平等，2003），可获得硫同位素两个平衡温度为 471℃ 和 500℃，略高于碳质包裹体捕获温度，与张翠光等（2007）研究的阿尔泰造山带黑云母带变质作用相平衡温度 445～550℃ 基本相符。

　　总的来看，萨热阔布金矿 QⅠ 中 FIA 的碳质流体包裹体形成的 $p - T$ 范围比 QⅡ 中的 FIA 范围略微移向较高温和较低压力的范围。铁木尔特 - 大东沟叠加的含黄铜矿石英脉的 $p - T$ 投影范围也大致相同（图 8 -3）。FIA 内与碳质流体共生

的 $CO_2 - H_2O$ 包裹体（$L_{CO_2} - L_{H_2O}$ 型）的均一温度 $T_{h,tot}$ 一般为 205～370℃，这个数值范围低于早期石英脉中高盐度包裹体的 $T_{h,tot} = 369～512℃$，与变质峰期后的 $p-T$ 条件相当。根据上述讨论，与金铜矿化有关的包裹体捕获压力在 110～330MPa，或更高些。这相当于在 6.5～12.0km 深的静岩压力条件下捕获，考虑到侧向挤压应力的作用，实际深度应该还小些。

8.4　克兰盆地金铜矿化的流体和矿质来源

8.4.1　成矿流体来源

8.4.1.1　氢氧同位素

对透镜状顺层石英脉和切层硫化物石英脉进行了氧同位素分析，并对其中的包裹体进行了群体氢同位素研究，得到石英的 $\delta^{18}O$ 和包裹体的 δD（表 8-2），而表中包裹体的 $\delta^{18}O$ 是根据石英-水的同位素平衡分馏方程 $\delta^{18}O_{H_2O} = \delta^{18}O_{石英} - 3.38(10^6 \times T^{-2}) + 2.9$（Clayton，1972）得到的。其中温度的选取主要根据流体包裹体的完全均一温度，并且考虑到前述的石英脉形成的 $p-T$ 条件，设定计算采用的温度分别为 T_t 500℃（Q I）和 T_t 370℃（Q II）。$\delta^{18}O - \delta D_{H_2O}$ 数据点的投点表明（图 8-4），流体来源与变质作用有很大的关系，全部的 Q I 数据和大部分的 Q II 数据落在了变质热液的方框范围（变质水的下限据郑永飞和陈江峰（2000）资料进行了修正），部分的 Q II 数据落在了岩浆热液的范围。因此，流体的来源总体上与造山-变质及其伴生的岩浆热液活动有关，进一步说明了 Colvine（1989）的观点，如果成矿流体是在 5km 深处参与金的成矿活动，那么流体的岩浆来源和变质来源只有语义上的意义。

表 8-2　克兰盆地金铜石英脉包裹体氢氧同位素综合研究表

样号	样品特征	T_t/℃	$\delta^{18}O$（SMOW）/‰	$\delta^{18}O_{H_2O}$ /‰	δD（SMOW）/‰	测试单位及仪器
SR804	萨热阔布，早期石英脉 Q I	500	14.6	11.84	-91.6	
SR809	萨热阔布，早期石英脉 Q I	500	13.4	10.64	-84.7	
SR822	萨热阔布，黑云石英片岩中顺层石英脉 Q I	500	10.3	7.54	-98.2	
SR807	萨热阔布，富金黄铁矿石英脉 Q II	370	12	6.72	-75.8	核工业地质研究院，仪器 MAT-253
SR813	萨热阔布，富金黄铁矿石英细脉 Q II	370	12.9	7.62	-97.3	
SR820	含黄铜黄铁矿石英脉硅质岩 Q II	370	13	7.72	-104.9	
SR824	穿插交代黄铁矿化绿帘石黑云片岩的石英脉 Q II	370	9.3	4.02	-103.2	
SR827	切穿黄铁矿化绿泥黑云片岩糖粒状石英脉 Q II	370	9.1	3.82	-87.3	

续表 8 - 2

样号	样品特征	$T_t/℃$	$\delta^{18}O$ (SMOW) /‰	$\delta^{18}O_{H_2O}$ /‰	δD (SMOW) /‰	测试单位及仪器
SR4005	萨热阔布，富金黄铁矿 - 多金属硫化物石英脉 QⅡ	370	11.63	5.76	-135.13	中国科学院地质与地球物理研究所，仪器 MAT - 252
SR17 - 5	绿泥黑云石英片岩中含黄铁矿石英脉 QⅡ	370	13.1	7.82	-93.13	
SR23 - 2	萤石石英脉 QⅡ	370	11.95	6.67	-108.8	
TM204	铁木尔特，晚期含黄铜矿石英脉 QⅡ	370	11.13	5.85	-106.4	
TM203	含粗晶方铅矿 - 闪锌矿变质砂岩中石英脉 QⅡ	370	11.04	5.76	-98.9	
QI101	石英脉 QⅠ，沿裂隙有黄铁矿	500	11	8.2	-60.2	核工业地质研究院，仪器 MAT - 253
QI107	顺层黄白色石英 QⅠ	500	12.7	9.9	-82.1	
QI108	绿泥石云母片岩中顺层黄铁矿石英脉 QⅠ	500	10.2	7.4	-83.4	
QP - 8	绿泥云母岩中顺层褐铁矿化石英脉 QⅠ	500	10.9	8.1	-68	
QI103	薄膜状黄铁矿化烟灰色石英脉 QⅡ	370	10.9	5.6	-74.1	
QI104	烟灰色石英脉 QⅡ，具蜂窝状空洞	370	9.7	4.4	-79.4	
QI111	灰白色糖粒状的切层石英脉 QⅡ，具褐铁矿化淋失孔	370	10.6	5.3	-104.1	
QI112	切层灰白色石英脉 QⅡ	370	11.3	6.0	-81.1	
QI113	灰白色糖粒状石英脉 QⅡ，含硫化物淋失孔	370	11.1	5.8	-76.8	

注：$\delta^{18}O_{H_2O} = \delta^{18}O_{石英} - 3.38(10^6 \times T^{-2}) + 2.9$（Clayton，1972）；$T_t$ 选取说明见正文。

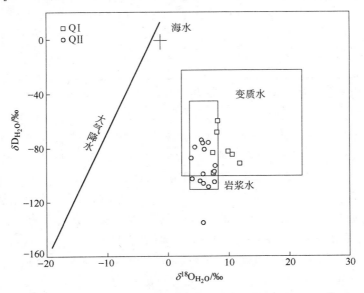

图 8 - 4　克兰盆地萨热阔布、恰夏和铁木尔特矿床金铜石英脉的包裹体 $\delta^{18}O - \delta D_{H_2O}$ 图解

（底图变质水的下限据郑永飞和陈江峰（2000）修正）

8.4.1.2　碳质流体的碳同位素特征

由于萨热阔布金矿床等与造山－变质有关的流体中含有大量的 CO_2 等挥发成分，甚至是无水的碳质流体，这给上述利用氢氧同位素示踪来探讨流体来源带来了困惑。因此有必要开展对碳质流体的碳同位素研究。研究中选择了代表性的萨热阔布金矿的硫化物石英脉和铁木尔特铅锌（铜）矿床的晚期含黄铜矿石英脉样品，这些石英样品中的碳质流体包裹体极为丰富，对其流体中的 CO_2 和 CH_4 进行了碳同位素分析，结果列于表 8 – 3。

表 8 – 3　萨热阔布 – 铁木尔特地区金 – 铜石英脉中碳质流体包裹体的碳同位素组成

产　地	样号	$\delta^{13}C_{CO_2}$		$\delta^{13}C_{CH_4}$		备　注
		PDB/‰	σ/‰	PDB/‰	σ/‰	
	SR17 – 3	– 10. 23	0. 007	– 32. 02	0. 017	含石榴石的黑云石英片岩中石英脉体 Q I
	SR17 – 5	– 15. 66	0. 012	– 34. 11	0. 022	稀疏浸染状黄铁矿化的石英脉 QⅡ
	SR4005	– 13. 93	0. 002	– 33. 26	0. 019	黄铁矿 – 黄铜矿石英脉 QⅡ
萨热阔布金矿	SR – 30	– 20. 94	0. 039	—		黄铁矿 – 石英脉 Q Ⅱ
	SR – 03	– 21. 15	0. 031	—		变晶屑凝灰岩中细脉石英 Q I
	SR – 18	– 17. 61	0. 030	—		5 号脉乳黄色石英 Q I
	SR – 21	– 10. 73	0. 058	—		黄铁矿 – 黄铜矿石英脉 QⅡ
	SR23 – 2	– 7. 51	0. 007	– 28. 38	0. 012	蚀变岩中含萤石石英脉 QⅡ
铁木尔特铅锌（铜）矿	TM204	– 6. 99	0. 008			含粗晶方铅矿 – 闪锌矿的石英脉 Q Ⅱ
	TM203	– 8. 02	0. 008			含黄铜矿 – 石英脉 Q Ⅱ

注：中国科学院地质与地球物理研究所岩石圈演化国家重点实验室稳定同位素实验室测试；所报数据
　　均为相对国际标准 PDB 之值，使用质谱型号 MAT253。

成矿热液中的碳一般认为有三种主要来源：（1）地幔射气或岩浆来源，其碳同位素组成 $\delta^{13}C$ 变化范围分别为 – 5‰ ~ – 2‰ 和 – 9‰ ~ – 3‰（Taylor，1986），但 Deines（2002）总结了地幔捕虏体的碳同位素研究现状，指出地幔流体的 $\delta^{13}C$ 表现为双峰特征，即 – 5‰左右和 – 25‰左右；（2）碳酸盐岩的脱气或含盐卤水与泥质岩相互作用产生的流体，其碳同位素组成具有重碳同位素的特征，其 $\delta^{13}C$ 变化范围为 – 2‰ ~ + 3‰，海相碳酸盐 $\delta^{13}C$ 大多稳定在 0‰左右；（3）各种岩石中的有机碳一般富集 ^{12}C，其 $\delta^{13}C$ 变化范围为 – 30‰ ~ – 15‰，平均为 – 22‰（Ohmoto，1972），海水有机物的 $\delta^{13}C$ 为 – 25‰。

萨热阔布金矿石英脉中碳质流体包裹体中 CO_2 测得的 $\delta^{13}C_{CO_2}$ 为 – 21. 15‰ ~ – 7. 51‰，集中在 – 10. 73‰ ~ – 20. 94‰，可能与泥盆系海相火山沉积岩（晶屑凝灰岩）在区域变质中的脱气，使得海相沉积物的有机碳释放进入流体有关；而那些较高的 $\delta^{13}C_{CO_2}$ 范围（如萨热阔布的 $-7.51‰$ 和铁木尔特晚期石英脉中包裹体 $-8.02‰$、$-6.99‰$）则可能与造山变质环境中的深部岩浆脱气有关。碳质流体包裹体中 CH_4 的 $\delta^{13}C_{CH_4}$ 为 $-34.11‰ \sim -28.38‰$，与幔源 $\delta^{13}C_{CH_4}$（$-25‰ \sim -15‰$，Fiebig et al.，2004）相差甚远，但与类似变质作用的热催化 $\delta^{13}C_{CH_4}$（$-38‰ \sim -25‰$，Barker and Fritz，1981）相差不大，也落在岩浆源 $\delta^{13}C_{CH_4}$（$-52‰ \sim -9‰$，Chinodini et al.，2008）的范围内，所以萨热阔布金矿碳质流体包裹体中 CH_4 也具有变质和岩浆源的特点。

8.4.2 硫同位素组成和成矿物质来源

硫同位素示踪是矿床成因研究重要方法之一。自然界硫主要有三个储库，即幔源硫（$\delta^{34}S = 0 \pm 3‰$）、海水硫（$\delta^{34}S = +20‰$）和沉积物中还原硫（主要以具有较大的负值为特征）。一般认为，$\delta^{34}S$ 接近零值的矿床其硫来源为幔源的或岩浆的；$\delta^{34}S$ 值近于 $+20‰$ 的矿床，其硫来源为大洋水和海水蒸发盐（Ohmoto and Rye，1979）。

对萨热阔布金矿、铁木尔特锌铅（铜）矿和大东沟铅锌矿的浸染状矿石、硅化矿石和晚期含黄铜矿石英脉中的方铅矿、闪锌矿、黄铜矿、黄铁矿等单矿物进行了硫同位素研究，分析结果见表 8-4。

表 8-4 铁木尔特-萨热阔布硫同位素组成

矿化特征	样品特点	样品编号	矿物	$\delta^{34}S/‰$	$\sigma/‰$
与造山-变质叠加改造有关的矿化	萨热阔布 3 中段 27 线，黄铁矿石英脉，镜下见黄铜矿、方铅矿及其共生的自然铋	SR21a	黄铁矿	8.57	0.007
		SR21b	黄铜矿	8.36	0.003
	萨热阔布，含萤石强烈硅化的黑云石英片岩，黄铁矿稀疏浸染状分布	SR23-2	黄铁矿	4.39	0.008
	萨热阔布，含萤石的黑云石英片岩，镜下见浸染状-细脉状黄铁矿、黄铜矿交代磁铁矿	SR25-1	黄铁矿	7.11	0.013
	萨热阔布，黄铁矿黄铜矿石英脉，镜下见黄铜矿-闪锌矿交代黄铁矿	SR4005a	黄铁矿	5.85	0.010
		SR4005b	黄铁矿	4.90	0.002
	铁木尔特，条带状变质砂岩中的粗晶方铅矿-闪锌矿	TM203b	方铅矿	2.94	0.001
		TM203c	闪锌矿	3.95	0.009
	铁木尔特 27 号矿体，晚期含黄铜矿石英脉（切穿石榴石绿泥片岩）	TM204	黄铜矿	-1.17	0.005
	与造山-变质有关的条带状、网脉状方铅矿	DD15	黄铁矿	+4.435	0.005
			方铅矿	+2.022	0.009

矿化特征	样 品 特 点	样品编号	矿物	$\delta^{34}S/‰$	$\sigma/‰$
与造山 - 变质叠加改造有关的矿化	浸染状黄铁矿化矿石，含脉状方铅矿、闪锌矿细脉	DD16	黄铁矿	+4.842	0.008
			方铅矿	+2.805	0.009
			闪锌矿	+4.221	0.008
	蚀变钙质砂岩中的方铅矿、闪锌矿脉	DD30	方铅矿	+4.726	0.007
		DD30	闪锌矿	+6.042	0.009
可能与海相火山沉积有关的矿化	块状方铅矿、闪锌矿矿石，星点状黄铁矿分布在闪锌矿中	DD31	方铅矿	+3.521	0.002
			闪锌矿	+5.005	0.003
	绿泥石化蚀变岩顺层分布的闪锌矿	DD32	方铅矿	+5.072	0.009
			闪锌矿	+5.614	0.005
	顺层分布的块状闪锌矿、方铅矿	DD33	黄铁矿	+7.646	0.002
			方铅矿	+5.685	0.006
			闪锌矿	+7.035	0.006
与海相火山沉积有关的矿化	黑云片岩中分布浸染状黄铁矿、方铅矿，有黄铜矿石英脉穿插，镜下见更晚期的金云母 - 绿泥石细脉交代黄铜矿	TM206a	黄铁矿	-25.38	0.011
		TM206b	方铅矿	-26.46	0.013
	条带状构造铅锌矿石，浸染状闪锌矿、黄铁矿、方铅矿沿大理岩条带分布，镜下见黑云母、角闪石和绿泥石交代硫化物	TM403	黄铁矿	-19.72	0.008
		TM403	方铅矿 a	-21.79	0.009
		TM403	方铅矿 b	-21.69	0.009
		TM403	闪锌矿	-20.46	0.008

注：中科院地质与地球物理研究所岩石圈演化国家重点实验室稳定同位素实验室测试；所报数据均为相对国际标准 CDT 之值；测试仪器：质谱仪 Delta - S。

由表 8 - 4 可见，萨热阔布金矿床浸染状 - 细脉状黄铁矿 - 黄铜矿或黄铁矿 - 黄铜矿石英脉中的硫化物，其硫同位素组成（$\delta^{34}S$）变化范围在 + 4.39‰ ~ + 8.57‰之间；而铁木尔特铅锌（铜）矿床的硫同位素 $\delta^{34}S$ 变化较大，有一组为 - 1.17‰ ~ + 3.95‰，另一组 $\delta^{34}S$ 值很低，变化在 - 26.46‰ ~ - 19.72‰之间。后者的矿石特征主要是条带状构造铅锌矿石中的浸染状闪锌矿、黄铁矿、方铅矿，这些硫化物沿黑云片岩或大理岩条带分布，镜下见黑云母、金云母、阳起石和绿泥石等切穿硫化物，说明这些硫化物可能是变质前代表 VMS 的矿物组合，这些浸染状、条带状硫化物矿石的 $\delta^{34}S$ 较大的负值反映了与 VMS 期海水硫酸盐细菌还原作用有关的特点。耿新霞等（2010a）对铁木尔特铅锌（铜）矿床的喷流沉积期硫化物硫同位素研究也表明，$\delta^{34}S$ 值集中于 - 16.0‰ ~ - 27.8‰之间，显著富集轻硫，属生物成因硫，推断喷流沉积期矿石中的硫主要来自较高氧化条件下的海水硫酸盐细菌还原硫，同时表明早期成矿经历了沉积作用。

铁木尔特晚期含黄铜矿（少量方铅矿、磁黄铁矿）石英脉或粗晶方铅矿－闪锌矿的硫同位素值接近于零值（－1.17‰~＋3.95‰），与萨热阔布金矿床的硫化物 $\delta^{34}S$ 接近，它们可能代表了与造山－变质有关的深源硫源特征。对于脉状硫化物的 $\delta^{34}S$ 值较小正值的特点，在阿尔泰南缘其他矿床有很多报道。周刚等（1998）对麦兹盆地可可塔勒铅锌矿床的硫同位素研究表明，$\delta^{34}S$ 变化范围在－15.3‰~＋5.1‰之间，其中块状矿石平均 $\delta^{34}S$ 值为－13.3‰，稠密浸染状矿石平均 $\delta^{34}S$ 值为－10.8‰，浸染状矿石平均 $\delta^{34}S$ 值为－9.2‰；而后期脉状矿化中硫化物的 $\delta^{34}S$ 值则在－1.4‰~＋5.1‰之间，平均为＋2.1‰，呈较小的正值。王书来等（2005）认为一部分代表深海相环境生成的硫化物的组成特征，另一部分代表火山岩浆来源。廖启林等（2000）对阿尔泰南缘典型的 VMS 铜锌矿床－阿舍勒矿床的硫同位素研究结果为 $\delta^{34}S=1.3‰~6.3‰$，平均4.6‰，表明硫来源于上地幔或深部地壳。

大东沟铅锌矿床中层状分布的块状闪锌矿、方铅矿和黄铁矿的 $\delta^{34}S$ 变化范围为＋3.52‰~＋7.65‰，晚期脉状闪锌矿、方铅矿和黄铁矿的为＋2.02‰~＋6.04‰，两者相差不大，稍富集重硫。但刘敏等（2008）获得的大东沟铅锌矿床中黄铁矿的硫同位素值 $\delta^{34}S$ 分布范围为－12.1‰~＋11.7‰，也有较大负值的 $\delta^{34}S$ 分布。结合成矿环境，可认为大东沟铅锌矿床与 VMS 有关（样品 DD31、DD32、DD33）的闪锌矿、方铅矿中的硫主要来源于海水硫酸盐的无机还原作用，而可能与造山－变质有关的细脉状硫化物（样品 DD15、DD16、DD30），其硫同位素值主要反映了造山过程中的岩浆热液活动导致后期深源硫加入，与铁木尔特铅锌（铜）矿床类似（图8－5）。

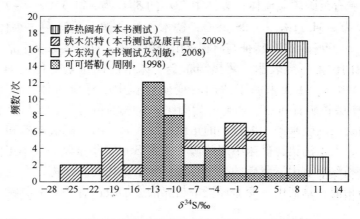

图8－5 阿尔泰地区的硫同位素分布直方图（据王琳琳等，2012）

综上所述，铁木尔特－大东沟一带锌铅（铜）矿床的层状矿体中矿石硫中有两种不同来源的硫，其中较大的负值代表了与海水硫酸盐细菌还原作用有关的硫来源，主要与块状硫化物富矿石形成有关；而较小的正值可能代表了海水硫酸盐硫和深部火山岩浆硫的混合, 与浸染状矿石的形成关系有关。脉状铜金矿化的硫化物 $\delta^{34}S$ 值特征与后期造山 - 变质环境的热液叠加改造有关。

8.5 本章小结

(1) 碳质流体包裹体是地幔岩和高级变质岩的主要流体包裹体类型。变质岩的包裹体研究表明, 高密度碳质流体包裹体记录了区域峰期变质作用, 而较低密度的 CO_2 包裹体则记录了较晚期的退变质作用。高级变质岩中碳质流体的研究成果可以借鉴用来解释一些与造山型金矿有关的碳质流体起源、演化与成矿作用。

(2) 阿尔泰南缘脉状金铜矿化主要形成于二叠纪至早三叠世时期的碰撞造山及其后的伸展时期。克兰盆地铁木尔特 - 萨热阔布 - 大东沟一带位于变质程度相对较低的绿泥石 - 黑云母带和黑云母 - 石榴石带, 其变质 $p-T$ 条件为 200 ~ 600MPa、445 ~ 550℃ (黑云母带), 540MPa、480 ~ 566℃ (石榴石带)。金铜石英脉的主体 (早阶段石英脉) 应该在相当于 450 ~ 560℃ 的高温条件下形成的, 其热源与区域变质及相关的岩浆活动有关, 而金铜矿化则是在高于 220 ~ 370℃、110 ~ 330MPa 的中高温中深条件下发生的。

(3) 萨热阔布 - 恰夏 - 铁木尔特脉状金铜矿化的 QⅠ 中包裹体 δD_{H_2O} 变化于 -98.2‰ ~ -60.2‰, $\delta^{18}O_{H_2O}$ 为 7.4‰ ~ 11.84‰, 晚期含黄铜矿石英脉 QⅡ 的 δD_{H_2O} 变化于 -135.1‰ ~ -75.8‰, $\delta^{18}O_{H_2O}$ 为 3.82‰ ~ 7.82‰, 表明早阶段和晚阶段脉状矿化的成矿流体均与变质热液作用有关, 晚阶段有岩浆热液活动的参与。萨热阔布金矿石英脉碳质流体包裹体中 CO_2 的 $\delta^{13}C$ 为 -21.15‰ ~ -7.51‰, CH_4 测得的 $\delta^{13}C$ 为 -34.11‰ ~ -28.38‰; 铁木尔特含铜石英脉中包裹体的 $\delta^{13}C$ 为 -8.02‰ ~ -6.99‰。$\delta^{13}C$ 特征与海相火山沉积无关, 具岩浆源或深部源的特点。

(4) 硫同位素研究表明, 萨热阔布金矿床中硫同位素变化范围窄 ($\delta^{34}S$ = 4.31‰ ~ 8.57‰), 主要来源于造山 - 变质过程中的深源流体; 铁木尔特铅锌 (铜) 矿床中层状矿石的 $\delta^{34}S$ 明显分为两组, 较大的负值代表了与海水硫酸盐细菌还原作用有关的硫来源, 而较小的正值可能代表了海水硫酸盐硫和深部火山岩浆硫的混合; 大东沟铅锌矿床中层状矿石的 $\delta^{34}S$ 呈富集重硫的较小正值, 也与海水硫酸盐硫和深部火山岩浆硫的混合有关; 脉状矿化的硫化物 $\delta^{34}S$ 值特征与萨热阔布金矿的相似, 是造山 - 变质环境中与热液叠加改造有关的深源硫。

9 结 论

徐九华

（1）阿尔泰南缘二叠纪至早三叠世末造山－变质环境中产出的脉状金矿床和脉状铜矿化具有变质热液成矿的造山型金矿的特征：1）矿床产于区域性断裂的一侧，矿体受次级韧性剪切带的控制，常产在走向上由窄变宽的局部膨大部位；2）含矿脉系中眼球状－透镜状石英或碎裂状脉石英发育，具有典型的"构造矿石"的特点；3）硫化物矿物含量低，主要金属组合为 Au + Ag + As + Te；4）主要蚀变组合为中温硅化－黄铁绢英岩化组合和中低温绢云母化、绿泥石化、碳酸盐化等，蚀变强烈；5）构造－成矿流体以富 CO_2、低盐度的 $H_2O - CO_2$ ± （$CH_4 - N_2$）体系为特征，并由早期的富 CO_2 流体向晚期的富 H_2O 流体转化。脉状金铜矿化主要有两类产状，即顺层产出的、与变质片理产状一致的细脉状或透镜状石英脉（QⅠ），以及斜切黄铁矿化蚀变岩、层状铅锌矿和变质岩产状的黄铜矿－黄铁矿石英脉（QⅡ）。

（2）金（铜）石英脉的脉石英中包裹体发育，按其岩相学产出特点，可分为：1）孤立或无序分布的包裹体；2）簇状或小群分布的包裹体；3）沿愈合裂隙定向分布的包裹体。根据室温下的相态特征主要有三类包裹体：1）无水的单相碳质流体包裹体（L_{CO_2}、$L_{CO_2 - CH_4}$ 或 $L_{CO_2 - N_2}$ 型），在早阶段石英 QⅠ 中多产出于愈合裂隙中，在晚阶段石英 QⅡ 中呈孤立或无序随机分布，或呈带状分布于愈合裂隙中；2）$CO_2 - H_2O$ 包裹体，包括两相 $CO_2 - H_2O$ 包裹体（$L_{CO_2} - L_{H_2O}$ 型）或三相 $CO_2 - H_2O$ 包裹体（$L_{H_2O} - L_{CO_2} - V_{CO_2}$），主要呈孤立或无序分布，或在愈合裂隙中呈少数与碳质流体包裹体伴生；3）盐水溶液包裹体（L－V 型），多以线状分布于较晚的微裂隙中。有时，在变形弱的早期石英中还见含子矿物的高盐度包裹体（L－V－S 型），呈孤立状分布。

（3）对萨热阔布金矿、恰夏铜矿床等脉状矿化的包裹体组合研究表明，不同的 FIA 其 T_{m,CO_2} 和 T_{h,CO_2} 的变化范围较宽，反映了不同的捕获事件中流体的 $p - T - c$ 等条件波动较大，但在一个 FIA 内部，T_{m,CO_2} 和 T_{h,CO_2} 具有较窄的范围。萨热阔布金矿的碳质流体包裹体有两种情况，一种为 T_{m,CO_2} = -57.5 ~ -56.5℃ 不含其他挥发分的纯 CO_2 包裹体，其 CO_2 相的均一温度（T_{h,CO_2}）在 +3 ~ +20℃ 之间变化，均一为液态 CO_2，密度一般为 0.85 ~ 0.89g/m^3。另一种包裹体的 T_{m,CO_2} < -57.5℃，T_{h,CO_2} 在 +6.7 ~ +18℃ 间；QⅡ 中包裹体 T_{m,CO_2} 可低至 -62.5 ~ -61.9℃，有较多的

CH_4 等其他挥发分存在，T_{h,CO_2} 为 $-33.7 \sim -17.7℃$，其密度高达 $1.01 \sim 1.07g/cm^3$。萨热阔布金矿的 $CO_2 - H_2O$ 包裹体的最终完全均一温度（$T_{h,tot}$）的数据，QI中 FIAs 的为 $243 \sim 343℃$，非 FIAs 的为 $266 \sim 395℃$；QII中 FIAs 的 $T_{h,tot}$ 为 $230 \sim 328℃$，非 FIAs 的为 $206 \sim 328℃$。

（4）额尔齐斯金成矿带的赛都金矿、萨尔布拉克金矿等的构造 - 成矿流体早期以中高温、富 $CO_2 - N_2$ 等挥发分为特征，演化到中晚期为中低温、中低盐度的盐水溶液体系。随着额尔齐斯碰撞造山带的次级构造剪切带由压性、韧性转变为张性、脆性的演化，成矿流体演化也由富含 CO_2 的碳质流体、或中温、低盐度的 $CO_2 - H_2O$ 变质流体向低温、富水流体演化。硫铅同位素研究表明：成矿物质是从深部源富集的，在后碰撞造山作用过程从深部岩石中通过热液萃取获得。黄铁矿的 $\delta^{34}S$ 变化范围在 $3.53‰ \sim 5.88‰$ 之间；铅同位素组成为 $^{206}Pb/^{204}Pb = 18.0997 \sim 18.3585$、$^{207}Pb/^{204}Pb = 15.4877 \sim 15.5790$、$^{208}Pb/^{204}Pb = 38.1116 \sim 38.3551$。赛都金矿、萨尔布拉克金矿的形成只是造山带中剪切带演化过程中的一个产物，主要的金矿化应与后碰撞造山的伸展构造环境有关，构造 - 成矿流体的演化特征与剪切带演化过程吻合。

（5）阿尔泰南缘的海相火山沉积矿床（包括 VMS 和 SEDEX 型铅锌铜多金属矿床）经历了与碰撞造山有关的强烈的区域变质和后期热液叠加成矿作用。由区域变质作用形成的同构造石英脉和叠加于层状铅锌矿化之上的脉状铜矿化很发育。矿石中与压力 - 重结晶作用的有关的变形变质结构发育，包括各种交代结构、塑性流动结构或揉皱变晶结构、斑状变晶结构、压力影结构、碎斑结构和碎裂结构等。在海相火山沉积变质铁矿床中也反映了区域变质作用及后来的热液作用对早期层状铁矿床的叠加改造作用。

（6）铁木尔特、大东沟等 VMS 铅锌（铜）矿床存在两个主要成矿期：1）早泥盆世海相火山喷流成矿期，以产出浸染状、条带状和块状闪锌矿 - 方铅矿等硫化物为主要特征；2）变质热液成矿期，又可分为两个阶段：①早阶段以顺层产出的白色 - 灰白色石英脉，呈脉状或透镜状沿片理方向产于石榴石绿泥片岩、黑云片岩等变质岩中，可能为同造山期的构造 - 变质产物，局部矿化；②晚阶段形成含黄铜矿石英脉，斜切浸染状黄铁矿化蚀变岩和层状闪锌矿，与更晚的构造 - 流体作用有关。蒙库铁矿床的成矿则可识别出几个成矿期：1）海相火山沉积成矿期，由海底火山活动形成了贫的铁矿体或者矿源层；2）区域变质成矿期，这是铁矿形成的重要成矿期，包括浸染状 - 条带状磁铁矿阶段和块状磁铁矿阶段，区域动力热流变质作用促进了铁质的进一步富集，从而形成了富矿体；3）晚期的热液交代成矿期，主要是与硫化物 - 石英脉矿化有关，又可别出三个阶段，即钙硅酸盐交代阶段、硫化物阶段和方解石石英脉阶段。

（7）铁木尔特、大东沟等铅锌（铜）矿床中的海相火山喷流期闪锌矿内可见少量残留的包裹体，主要由单相（L_{H_2O}）和两相（L-V 型）包裹体组成，在单个闪锌矿颗粒内呈无序或孤立分布，大都已经破坏。一些重晶石脉中也含有较多的包裹体，主要由线状分布的单相（L_{H_2O}）和两相包裹体（L-V 型）包裹体组成。变质热液期含黄铜矿石英脉中发育三种不同类型的包裹体，具有明显的先后切穿关系：1）碳质（CO_2 - CH_4 - N_2）流体包裹体（L_{CO_2}、$L_{CO_2-CH_4}$ 或 $L_{CO_2-N_2}$）；2）CO_2 - H_2O 包裹体（L_{CO_2} - L_{H_2O}），独立成群产出或与碳质流体包裹体伴生；3）少量盐体系流体包裹体（L-V-S 和 L-V），为原生残留的包裹体。铁木尔特碳质流体包裹体的 T_{m,CO_2} = -63.3 ~ -57.7℃，T_{h,CO_2} = -27.5 ~ +29.7℃，密度 1.1 ~ 0.52g/cm³；$L_{CO_2-CH_4}$ 型或 $L_{CO_2-N_2}$ 型包裹体的 T_{m,CO_2} = -80.5 ~ -65.5℃，T_{h,CO_2} = -56.0 ~ -5.0℃，密度 0.93 ~ 0.72g/cm³；与碳质流体共生的少量 L_{CO_2} - L_{H_2O} 型包裹体的 CO_2 相 T_{m,CO_2} = -66.9 ~ -60.9℃，T_{h,CO_2} = -13.3 ~ +2.3℃，包裹体的最终均一温度 $T_{h,tot}$ = 243 ~ 361℃。大东沟顺层石英脉 QⅠ 中 T_{m,CO_2} = -82.5 ~ -62.9℃，T_{h,CO_2} = -29.2 ~ +12.0℃；切层石英脉 QⅡ 中 T_{m,CO_2} = -64.5 ~ -59.4℃，T_{h,CO_2} = -13.4 ~ +18.6℃。激光拉曼探针测试表明石英脉碳质包裹体气液主要成分为 CO_2 和 N_2，还有少量 CH_4；SRXRF 测试包裹体中的 Cu、Zn、Pb 明显低于康布铁堡组地层，而部分样品中的 Au 则大大高于地层中的值。推测造山过程中碳质流体可能带来了 Au 的叠加矿化。

（8）碳质流体包裹体是地幔岩和高级变质岩的主要流体包裹体类型。变质岩的包裹体研究表明，高密度碳质流体包裹体记录了区域峰期变质作用，而较低密度的 CO_2 包裹体则记录了较晚期的退变质作用。这些研究成果可以用来解释与造山型金矿有关的碳质流体起源、演化与成矿作用。阿尔泰南缘脉状金铜矿化主要形成于二叠纪至早三叠世时期的碰撞造山及其后的伸展时期。金铜石英脉的主体（早阶段石英脉）形成于 450 ~ 560℃ 的高温条件下，其热源与区域变质及相关的岩浆活动有关，而金铜矿化则发生于 220 ~ 370℃、110 ~ 330MPa 以上的中高温中深条件。

（9）萨热阔布 - 恰夏 - 铁木尔特脉状金铜矿化的 QⅠ 中包裹体 δD_{H_2O} 变化于 -98.2‰ ~ -60.2‰，$\delta^{18}O_{H_2O}$ 为 7.4‰ ~ 11.84‰，晚期含黄铜矿石英脉 QⅡ 的 δD_{H_2O} 变化于 -135.1‰ ~ -75.8‰，$\delta^{18}O_{H_2O}$ 为 3.82‰ ~ 7.82‰，表明金铜脉状矿化的成矿热液自早至晚均与变质热液作用有关，晚阶段有岩浆热液作用的参与。萨热阔布金矿石英脉中碳质流体包裹体的 $\delta^{13}C_{CO_2}$ 为 -21.15‰ ~ -7.51‰，$\delta^{13}C_{CH_4}$ 为 -34.11‰ ~ -28.38‰；铁木尔特含铜石英脉中包裹体的 $\delta^{13}_{CO_2}C$ 为 -8.02‰ ~ -6.99‰，$\delta^{13}C$ 特征与海相火山沉积无关。萨热阔布金矿床中硫同位素变化范围窄（$\delta^{34}S$ = 4.31‰ ~ 8.57‰），主要来源于造山 - 变质过程中的深源流体；铁木

尔特铅锌（铜）矿床中层状矿石的 $\delta^{34}S$ 明显分为两组，较大的负值与海水硫酸盐细菌还原作用有关，而较小的正值反映了海水硫酸盐硫和深部火山岩浆硫的混合；大东沟铅锌矿床中层状矿石的 $\delta^{34}S$ 呈较小的正值，也与海水硫酸盐硫和深部火山岩浆硫的混合有关；脉状矿化的硫化物 $\delta^{34}S$ 值特征与萨热阔布金矿的相似，是造山－变质环境中与热液叠加改造有关的深源硫。

参 考 文 献

阿不都热依木·吾甫尔. 2010. 新疆阿勒泰市恰夏铜铁矿地质特征及成因初探 [J]. 新疆有色金属, (4)：21 – 23.

柴凤梅, 毛景文, 董连慧, 等. 2008. 新疆阿尔泰南缘阿巴宫铁矿区康布铁堡组变质火山岩年龄及地质意义 [J]. 地质学报, 82 (11)：1592 – 1601.

常海亮. 1997. 新疆阿舍勒Ⅰ号铜锌矿床流体包裹体特征及其时序关系 [J]. 华南地质与矿产, (3)：23 – 32.

陈汉林, 杨树锋, 厉子龙, 等. 2006. 阿尔泰造山带富蕴基性麻粒岩 SHRIMP 锆石 U – Pb 年代学及其构造意义 [J]. 岩石学报, 22 (5)：1351 – 1358.

陈华勇, 陈衍景, 刘玉琳, 等. 2000. 新疆额尔齐斯金矿带的成矿作用及其与造山作用的关系 [J]. 中国科学 (D 辑), 30 (增刊)：38 – 44.

陈绪松, 徐九华, 刘建明, 等. 2002. 山东金青顶金矿床和七宝山金矿床的流体包裹体 REE 组成 [J]. 矿床地质, 21 (4)：387 – 392.

陈衍景, 富士谷, 吴德华, 等. 1995. 新疆北部金矿化与碰撞造山作用的耦合及金等矿床的分布规律 [J]. 黄金地质, 1 (3)：8 – 16.

陈衍景, 倪培, 范宏瑞, 等. 2007. 不同类型热液金矿系统的流体包裹体特征 [J]. 岩石学报, 23 (9)：2085 – 2108.

程忠富, 芮行健. 1996. 哈巴河县赛都金矿成矿特征探讨 [J]. 新疆地质, 14 (3)：247 – 254.

池国祥, 卢焕章. 2008. 流体包裹体组合对测温数据有效性的制约及数据表达方法 [J]. 岩石学报, 24 (09)：1945 – 1953.

仇仲学. 2003. 新疆富蕴县蒙库铁矿床地质特征与成因分析 [J]. 地质找矿论丛, 18 (s)：110 – 114.

褚海霞, 徐九华, 林龙华, 等. 2010. 阿尔泰大东沟铅锌矿的碳质流体及其成因 [J]. 岩石矿物学杂志, 29 (2)：175 – 188.

丁汝福, 王京彬, 马忠美, 等. 2001. 新疆萨热阔布火山喷流沉积改造型金矿地球化学特征 [J]. 地质与勘探, 37 (3)：11 – 15.

丁悌平, 张承信, 万德芳, 等. 2003. 闪锌矿 – 方铅矿硫同位素地质温度计的实验标定 [J]. 地质学报, 77 (4)：591.

董永观, 张传林, 芮行健, 等. 2002. 哈巴河 – 布尔津河流域金、铜成矿作用研究 [M]. 北京：地质出版社, 1 – 19.

董永观, 朱韶华, 芮行健, 等. 1994. 新疆萨尔布拉克金矿床地球化学及矿床成因 [J]. 火山地质与矿产, 15 (4)：22 – 33.

董永观. 2000. 新疆阿尔泰金矿断裂构造控矿规律研究 [J]. 火山地质与矿产, 21 (1)：41 – 46.

董永胜. 2001. 太古宙下部地壳流体研究现状 [J]. 世界地质, 20 (3)：237 – 241.

樊祺诚, 刘若新, 彭礼贵. 1992. 我国东南沿海地区地幔流体性质及其意义 [J]. 科学通报, (17)：1584 – 1587.

范宏瑞，谢奕汉，赵瑞，等. 2000. 小秦岭含金石英脉复式成因的流体包裹体证据 [J]. 科学通报，45（5）：537 – 542.

范宏瑞，谢奕汉，翟明国，等. 2003. 豫陕小秦岭脉状金矿床三期流体运移成矿作用 [J]. 岩石学报，19（2）：260 – 266.

方耀奎. 1996. 新疆沙尔布拉克金矿床成因矿物学成矿模式 [J]. 地球科学 – 中国地质大学学报，21（3）：320 – 324.

傅斌，肖益林，郑永飞，等. 2000. 大别山双河和碧溪岭超高压变质岩流体包裹体研究 [J]. 岩石学报，16（1）：119 – 126.

耿新霞，杨富全，杨建民，等. 2010a. 新疆阿尔泰铁木尔特铅锌矿床稳定同位素组成特征 [J]. 矿床地质，29（6）：1088 – 1100.

耿新霞，杨富全，杨建民，等. 2010b. 新疆阿尔泰铁木尔特铅锌矿床流体包裹体研究及地质意义 [J]. 岩石学报，26（3）：695 – 706.

顾连兴，汤晓茜，吴昌志，等. 2004a. 辽宁红透山块状硫化物矿床矿石糜棱岩铜金富集机制 [J]. 地学前缘，11（2）：339 – 351.

顾连兴，汤晓茜，郑远川，等. 2004b. 辽宁红透山铜锌块状硫化物矿床的变质变形和成矿组分再活化 [J]. 岩石学报，20（4）：923 – 934.

顾连兴，郑远川，汤晓茜，等. 2006. 硫化物矿石若干结构及相关成矿理论进展 [J]. 自然科学进展，16（2）：146 – 159.

顾连兴，McClay K R，周继荣，等. 2001. 块状硫化物矿石中硫化物的压溶和增生及成矿意义——以加拿大西部矿床为例 [J]. 矿床地质，20（4）：323 – 330.

郭定良. 1996. 额尔齐斯深（大）断裂对金成矿的贡献 [J]. 地质地球化学，（1）：52 – 55.

郭正林，郭旭吉，王书来，等. 2007. 阿尔泰南缘麦兹泥盆纪火山 – 沉积盆地成矿特点及其铅锌、铁、金找矿潜力分析 [J]. 矿床地质，26（01）：128 – 138.

郭正林，康吉昌，仇银江，等. 2006. 新疆阿尔泰山南缘蒙库盆地火山沉积构造演化与成矿 [J]. 矿产与地质，20（4 – 5）：348 – 352.

何国琦，李茂松，刘德权，等. 1994. 中国新疆古生代地壳演化及成矿 [M]. 乌鲁木齐：新疆人民出版社，香港：香港文化教育出版社.

何照波，刘涛，杨宗，等. 2007. 新疆萨尔布拉克金矿 [J]. 云南地质，27（2）：175 – 182.

何知礼. 1982. 包体矿物学 [M]. 北京：地质出版社，113 – 203.

侯增谦，韩发，夏林圻，等. 2003. 现代与古代海底热水成矿作用 [M]. 北京：地质出版社.

胡霭琴，韦刚健，邓文峰. 2006. 阿尔泰地区青河县西南片麻岩中锆石 SHRIMP U – Pb 定年及其地质意义 [J]. 岩石学报，22（1）：1 – 10.

胡兴平. 2004. 新疆富蕴县蒙库铁矿区地质特征及成因浅析 [J]. 新疆有色金属，（1）：2 – 8.

姜俊. 2003. 阿尔泰萨热阔布金矿成矿特征及控矿因素 [J]. 矿产与地质，17（4）：511 – 515.

黎彤. 1976. 化学元素的地球丰度 [J]. 地球化学，（3）：167 – 174.

李发林，王瑞廷，李晓雄. 2004. 陕西凤太地区铅 – 锌、金成矿规律及找矿选区 [J]. 矿产与地质，18（2）：143－147.

李光明，沈远超，刘铁兵，等. 2007. 新疆阿尔泰南缘托库孜巴依金矿成矿演化：石英脉系、同位素地球化学及其 Ar－Ar 年代学证据［J］. 矿床地质，26（1）：16－32.

李华芹，谢才富，常海亮，等. 1998. 新疆北部有色贵金属矿床成矿作用年代学［M］. 北京：地质出版社，26－133.

李嘉兴，姜俊，胡兴平，等. 2003. 新疆富蕴县蒙库铁矿床地质特征及成因分析［J］. 新疆地质，21（03）：307－311.

李建康，王登红，刘善宝，等. 2008. 川西伟晶岩型矿床中流体包裹体的 SRXRF 分析［J］. 大地构造与成矿学，32（3）：332－337.

李学凯. 2004. 新疆阿勒泰市阿巴宫铅锌矿地质特征及成因初探［J］. 新疆有色金属，（2）：2－6.

李志纯，赵志忠. 2002. 阿尔泰造山带和阿尔泰山构造成矿域的形成［J］. 地质科学，37（4）：483－490.

连玉，徐文艺，杨丹，等. 2008. 西藏冈底斯甲马和南木矿床流体包裹体 SR－XRF 研究［J］. 岩石矿物学杂志，27（3）：185－198.

廖启林，戴塔根，刘悟辉，等. 2000. 阿尔泰南缘典型块状硫化物矿床成矿环境浅析［J］. 地质与勘探，36（6）：23－26.

林龙华，徐九华，单立华，等. 2010. 新疆蒙库铁矿床的变形变质及其成矿作用［J］. 岩石学报，2010，26（8）：2399－2412.

林龙华，徐九华，魏浩，等. 2012. 新疆阿尔泰可可托海3号伟晶岩脉绿柱石流体包裹体 SRXRF 研究［J］. 岩石矿物学杂志，31（04）：603－611.

刘斌，沈昆. 1999. 流体包裹体热力学［M］. 北京：地质出版社，119－170.

刘斌. 1982. 白银厂铜矿床石英中固体和流体包裹体的研究［J］. 地质学报，56：156－173.

刘锋，李延河，毛景文，等. 2008. 阿尔泰造山带阿巴宫花岗岩体锆石 SHRIMP 年龄及其地质意义［J］. 地球学报，29（6）：795－804.

刘国仁，秦纪华，赵忠合，等. 2008. 新疆阿尔泰额尔齐斯构造带片麻岩的锆石 U－Pb SHRIMP 定年及其地质意义［J］. 现代地质，22（2）：190－196.

刘敏，张作衡，王永强，等. 2009. 新疆阿尔泰大东沟铅锌矿床流体包裹体特征及成矿作用［J］. 矿床地质，28（3）：282－296.

刘敏，张作衡，王永强，等. 2008. 新疆阿尔泰大东沟铅锌矿床地质特征及稳定同位素地球化学研究［J］. 地质学报，82（11）：1504－1513.

刘若新，樊祺诚，彭礼贵，等. 1992. 地幔流体包裹体—地幔部分熔融和化学非均一性的新证据：中国新生代火山岩年代学与地球化学［C］∥北京：地震出版社，392－399.

刘顺生，李志纯，谭凯旋，等. 2003. 中国阿尔泰造山带的变形变质及流体作用［M］. 北京：地质出版社，1－219.

刘悟辉，廖启林，戴塔根，等. 1999. 阿尔泰南缘与韧性剪切带有关金矿床成矿特征浅析［J］. 地质找矿论丛，14（3）：297－307.

卢焕章. 2008. CO_2 流体与金成矿：流体包裹体的证据［J］. 地球化学，（4）：321－328.

倪培，蒋少涌，范建国，等. 2001. 流体包裹体面的研究背景、现状及发展前景［J］. 地质论评，47（4）：398 – 404.

牛贺才，于学元，许继峰，等．2006. 中国新疆阿尔泰晚古生代火山作用及成矿［M］．北京：地质出版社，1 – 82.

秦雅静，张莉，郑义，等．2012. 新疆萨热阔布金矿床流体包裹体研究及矿床成因［J］．大地构造与成矿学，36（2）：227 – 239.

芮行健，朱韶华，刘抗娟．1993. 新疆阿尔泰原生金矿基本特征及区域成矿模式［J］．地质论评，39（2）：138 – 148.

沈昆，倪培，刘斌．1998. 国外变质岩中流体包裹体研究进展［J］．地质科技情报，17（Sup.）：22 – 28.

涂光炽．1986. 论改造成矿兼评现行矿床成因分类中的弱点［C］//地球化学文集．北京：科学出版社，1 – 7.

汪东波，邵世才，刘国平，等．2001. 金与铅锌矿化的时空关系及应用［J］．矿床地质，20（1）：78 – 84.

王登红，陈毓川，徐志刚．2003. 新疆阿尔泰印支期伟晶岩的成矿年代学研究［J］．矿物岩石地球化学通报，2003，22（1）：14 – 17.

王京彬，秦克章，吴志亮，等．1998. 阿尔泰山南缘火山喷流沉积型铅锌矿床［M］．北京：地质出版社.

王丽君，徐九华，等．2002. 地幔岩流体包裹体的稀土元素初步研究［J］．矿物岩石地球化学通报，21（4）：268 – 271.

王琳琳，徐九华，孙丰月，等．2012. 新疆阿尔泰萨热阔布—铁木尔特地区两类矿化及成因［J］．世界地质，31（1）：100 – 112.

王书来，郭正林，王玉往，等．2005. 新疆阿尔泰山南缘产于泥盆纪火山 – 沉积盆地铅锌矿床地质特征——以可可塔勒铅锌矿为例［J］．地质与勘探，41（6）：27 – 33.

王燕海，徐九华，刘泽群，等．2011. 额尔齐斯成矿带萨尔布拉克金矿床的构造 – 成矿流体［J］．地学前缘，18（5）：55 – 66.

魏浩，徐九华，曾庆栋，等．2011. 黑龙江多宝山斑岩铜（钼）矿床的蚀变 – 矿化阶段及其流体演化［J］．岩石学报，27（5）：1361 – 1374.

邬春学，黄宇营，杨春，等．2002. 基于 SRXRF 的单个流体包裹体无损分析及其在石油地质中的应用［J］．核技术，25（10）：793 – 798.

夏林圻．1984. 我国六合、张家口碱性玄武岩内橄榄岩包体中的高密度二氧化碳流体包裹体［J］．矿物学报，（2）：133 – 142.

肖文交，韩春明，袁超，等．2006. 新疆北部石炭纪 – 二叠纪独特的构造 – 成矿作用：对古亚洲洋构造域南部大地构造演化的制约［J］．岩石学报，22（5）：1062 – 1076.

肖文交，舒良树，高俊，等．2009. 中亚造山带大陆动力学过程与成矿作用［J］．中国基础科学，26（1）：14 – 19.

徐九华，单立华，丁汝福，等．2008. 阿尔泰铁木尔特铅锌矿床的碳质流体组合及其地质意义［J］．岩石学报，24（9）：2094 – 2104.

徐九华，林龙华，王琳琳，等．2009. 阿尔泰克兰盆地 VMS 矿床的变形变质与碳质流体特征［J］．矿床地质，28（5）：585 – 598.

徐九华，肖星，迟好刚，等. 2011. 阿尔泰南缘克兰盆地的脉状金 – 铜矿化及其流体演化 [J]. 岩石学报，27（5）：1299 – 1310.

徐林刚，毛景文，杨富全，等. 2007. 新疆蒙库铁矿床矽卡岩矿物学特征及其意义 [J]. 矿床地质，26（4）：455 – 463.

徐学纯，郑常青，赵庆英. 2005. 阿尔泰海西造山带区域变质作用类型与地壳演化 [J]. 吉林大学学报（地球科学版），35（1）：7 – 11.

闫升好，陈文，王义天，等. 2004. 新疆额尔齐斯金成矿带的$^{40}Ar/^{39}Ar$ 年龄及其地质意义 [J]. 地质学报，78（4）：500 – 506.

闫新军，陈维民. 2001. 铁米尔特 – 恰夏 – 萨热阔布多金属金矿床系列矿床地质地球化学研究 [J]. 矿产与地质，15（85）：366 – 370.

杨炳滨. 1981. 新疆阿勒泰蒙库铁矿钙铁榴石 – 次透辉石与磁铁矿成矿作用的讨论 [J]. 地质地球化学，（8）：45 – 47.

杨富全，毛景文，柴凤梅，等. 2008a. 新疆阿尔泰蒙库铁矿床的成矿流体及成矿作用 [J]. 矿床地质，27（06）：659 – 680.

杨富全，毛景文，闫升好，等. 2008b. 新疆阿尔泰蒙库同造山斜长花岗岩年代学、地球化学及其地质意义 [J]. 地质学报，82（4）：485 – 499.

杨良哲，赵永鑫，赖霭光，等. 2007. 蒙库铁矿床与镜铁山铁矿床的对比研究 [J]. 地质找矿论丛，22（1）：31 – 34.

杨蕊，徐九华，林龙华，等. 2013. 阿勒泰恰夏铜矿床的富 CO_2 流体与矿床成因 [J]. 矿床地质，32（2）：323 – 336.

杨新岳. 1990. 北疆阿巴宫 – 库尔提断裂带显微组构的运动学和动力学分析 [J]. 大地构造与成矿学，4（1）：29 – 41.

尹意求，杨有明，李嘉兴，等. 2005. 新疆阿尔泰山南缘克兰盆地沉积构造演化与铅锌成矿 [J]. 大地构造与成矿学，29（4）：475 – 481.

应立娟，王登红，梁婷，等. 2009. 新疆乔夏哈拉铁铜金矿的矿床成因及其成矿模式 [J]. 28（2）：211 – 217.

袁超，孙敏，龙晓平，等. 2007. 阿尔泰哈巴河群的沉积时代及其构造背景 [J]. 岩石学报，23（7）：1635 – 1644.

臧文栓，陈柏林，吴淦国，等. 2007. 阿尔泰富蕴—青河一带东段变形岩石 X 光组构分析 [J]. 地质通报，26（9）：1189 – 1197.

翟伟，孙晓明，徐莉，等. 2005. 苏北青龙山超高压变质榴辉岩流体包裹体特征与流体演化 [J]. 岩石学报，21（2）：482 – 488.

张翠光，魏春景，侯荣玖，等. 2007. 新疆阿尔泰造山带低压变质作用相平衡研究 [J]. 中国地质，34（1）：34 – 41.

张国瑞，徐九华，魏浩，等. 2012. 冀北东坪金矿床深部 – 外围的构造 – 蚀变 – 流体成矿研究 [J]. 岩石学报，28（2）：637 – 651.

张海祥，牛贺才，沈晓明，等. 2008. 阿尔泰造山带南缘和准噶尔板块北缘晚古生代构造演化及多金属成矿作用 [J]. 矿床地质，27（5）：596 – 603.

张建中，冯秉寰，金浩甲，等. 1987. 新疆阿勒泰阿巴宫—蒙库海相火山岩与铁矿的生成关

系及成矿地质特征 [J]. 西北地质科学, 20 (6): 89 – 180.

张进红, 王京彬, 丁汝福. 2000. 阿尔泰造山带康布铁堡组变质火山岩锆石特征和铀 – 铅年龄 [J]. 中国区域地质, 19 (3): 281 – 287.

张湘炳, 隋静霞, 李志纯, 等. 1996. 额尔齐斯构造带构造演化与成矿系列 [M]. 北京: 科学出版社, 50 – 85.

张秀林. 2007. 蒙库铁矿地质特征及成因探讨 [J]. 新疆有色金属, (S1): 3 – 6.

张招崇, 周刚, 闫升好, 等. 2006. 新疆阿尔泰山南缘泥盆纪弧型苦橄岩铂族元素地球化学特征及其地质意义 [J]. 现代地质, 20 (4): 519 – 526.

赵志忠. 2001. 阿尔泰山南缘东部岩石构造变形与金的构造成矿机理 [J]. 大地构造与成矿学, 25 (3): 302 – 312.

郑常青, 徐学纯, Enami M, 等. 2005. 新疆阿勒泰红柱石 – 矽线石型递增变质带特征及其 *PT* 条件研究 [J]. 矿物岩石, 25 (4): 45 – 51.

郑义, 张莉, 郭正林. 2013. 新疆铁木尔特铅锌铜矿床锆石 U – Pb 和黑云母^{40}Ar/^{39}Ar 年代学及其矿床成因意义 [J]. 岩石学报, 29 (1): 191 – 204.

郑义, 张莉, 刘春发, 等. 2010. 新疆铁木尔特铅锌 (铜) 矿床成矿流体演化特征及矿床成因 [J]. 矿床地质, 29 (S): 629 – 630.

郑永飞, 陈江峰. 2000. 稳定同位素地球化学 [M]. 北京: 科学出版社.

钟长华, 徐九华, 丁汝福, 等. 2005. 阿尔泰山南缘萨热阔布金矿床的自然铋及其成矿意义 [J]. 矿物岩石地球化学通报, 24 (2): 130 – 134.

周刚, 韩东南, 邓吉牛. 1998. 新疆可可塔勒铅锌矿床同位素地球化学研究 [J]. 矿产与地质, 12 (1): 33 – 38.

周刚, 张招崇, 王新昆, 等. 2007. 新疆玛因鄂博断裂带中花岗质糜棱岩锆石 U – Pb SHRIMP 和黑云母^{40}Ar/^{39}Ar 年龄及意义 [J]. 地质学报, 81 (3): 359 – 369.

朱霞, 倪培, 黄建宝, 等. 2007. 显微红外测温技术及其在金红石矿床中的应用 [J]. 岩石学报, 23 (9): 2052 – 2058.

朱永峰. 2007. 新疆的印支运动与成矿 [J]. 地质通报, 26 (5): 510 – 519.

朱永峰, 王涛, 徐新. 2007. 新疆及邻区地质与矿产研究进展 [J]. 岩石学报, 23 (8): 1785 – 1794.

AHYOSHIN A P. 1994. Evolution of mineralizing solutions and physicochemical characteristics of gold precipitation at the Muruntau deposit (Central Kyzylkum, Uzbekistan) [C] //The 9th Symposium IAGOD, Beijing, China, Abstracts, 2: 444 – 445.

ANDERSEN T, AUSTRHEIM H, BURKE EAJ, et al. 1993. N_2 and CO_2 in deep crustal fluids: evidence from the Caledonides of Norway [J]. Chemical Geology, 108: 113 – 132.

ANDERSON T, AUSTRHEIM H, BURKE E A J. 1990. Fluid inclusions in granulites and eclogites from the Bergen Arcs, Caledonian of Norway [J]. Minerl. Mag. 54, 145 – 158.

APPEL P W U, ROLLINSON H R, TOURET J L R. 2001. Remnants of an Early Archaean (> 3.75 Ga) sea – floor, hydrothermal system in the Isua Greenstone Belt [J]. Precambrian Research, 112: 27 – 49.

BARKER J F, FRITZ P. 1981. The occurrence and origin of methane in some groundwater floe systems

[J]. Canadian Journal of Earth Sciences, 18: 1802 – 1806.

BORTNIKOV N S, GENKIN A D, DOBROVOL' SKAYA M G, et al. 1992. The nature of chalcopyrite inclusions in sphalerite: exsolution, coprecipitation or disease? – A reply [J]. Economic Geology, 87 (4): 1192 – 1194.

BRADSHAW G D, ROWINS S M, PETER J M, et al. 2008. Genesis of the Wolverine volcanic sediment – hosted massive sulphide deposit, Finlayson Lake District, Yukon, Canada: mineral chemical, fluid inclusion, and sulphur isotope evidence [J]. Economic Geology, 103: 35 – 60.

BROWN P E, LAMB W M. 1989. $P – V – T$ properties of fluids in the system $CO_2 \pm H_2O \pm NaCl$: New graphical presentations and implications for fluid inclusion studies [J]. Geochim. Cosmochim. Acta, 53: 1209 – 1221.

CHI, GX, DUBE' B, WILLIAMSON K, et al. 2006. Formation of the Campbell – Red Lake gold deposit by H_2O – poor, CO_2 – dominated fluids [J]. Mineralium Deposita, 40: 726 – 741.

CHIODINI G, DALIRO S, CARDELLINI C, et al. 2008. Carbon isotopic composition of soil CO_2 efflux, a powerful method to discriminate different sources feeding soil CO_2 degassing in volcanic – hydrothermal areas [J]. Earth and Planelary Science Letters, 274 (3 – 4): 372 – 379.

COLVINE A C. 1989, An empirical model for the formation of Archean gold deposits: Products of final cratonization of the Superior Province, Canada [J]. Econ. Geol. Mono., 6: 37 – 50.

CRAIG J R, VOKES F M. 1993. The metamorphism of pyrite and pyritic ores: an overview [J]. Mineral. Mag. 57 (1): 3 – 18.

CUNEY M, COULIBALY Y, BOIRON M C. 2007. High – density early CO_2 fluids in the ultrahigh – temperature granulites of Ihouhaouene (In Ouzzal, Algeria) [J]. Lithos, 96: 402 – 414.

DEINES P. 2002. The carbon isotope geochemistry of mantle xenoliths [J]. Earth – Science Reviews, 58 (3 – 4): 247 – 278.

deROND C E J, CHANNER D M deR, FAURE K, et al. 1997. Fluid chemistry of Archean seafloor hydrothermal vents: implications for the composition of circa 3. 2 Ga seawater [J]. Geochimica et Cosmochimica Acta, 61: 4025 – 4042.

DIAMOND L W. 2001. Review of the systematic of $CO_2 – H_2O$ fluid inclusions [J]. Lithos, 55: 69 – 99.

DUAN Z H, SUN R. 2003. An improved model calculating CO_2 solubility in pure water and aqueous NaCl solutions from 273 to 533 K and from 0 to 2000 bar [J]. Chemical Geology, 193: 257 – 271.

DUCKWORTH R C, RICKARD D. 1993. Sulphide mylonites from the Renstrum VMS deposit, Northern Sweden [J]. Mineralogical Magazine, 57: 83 – 92.

FAN H R, ZHAI M G, XIE Y H. 2003. Ore – forming fluids associated with granite – hosted gold mineralization at the Sanshandao deposit, Jiaodong gold province, China [J]. Mineralium Deposita, 38: 739 – 750.

FIEBIG J, CHIODINI G, CALIRO S, et al. 2004. Chemical and isotopic equilibrium between CO_2 and CH_4 in fumarolic gas discharges: Generation of CH_4 in arc magmatic – hydrothermal systems [J]. Geochimica et Cosmochimica Acta, 68 (10): 2321 – 2334.

FRANKLIN J M, SANGSTER D F, LYDON J W. 1981. Volcanic – associated massive sulfide deposits

[J] . Economic Geology , 1981, (75th Anniv) : 485 – 627.

FRANTZ J D, MAO H K, ZHANG Y G, et al. 1988. Analysis of fluid inclusions by X – ray fluorescence using synchrotron radiation [J] . Chem Geol, 69: 235 – 244.

FYFE W S, KERRICH R. 1984. Gold: natural concentration processes. Gold 82, the geology, geochemistry and genesis of gold deposits: Ed. Foster R P. Rotterdam, Balkema: 99 – 128.

GILES A D, MARSHALL B. 1994. Fluid inclusions studies on a multiply deformed, metamorphosed volcanic – associated massive sulfide deposit, Joma Mine, Norway [J] . Economic Geology, 89: 803 – 819.

GOLDFARB R J, GROVES D I, GARDOLL S. 2001. Orogenic gold and geologic time: a global synthesis [J] . Ore Geology Review, 18: 1 – 75.

GOLDSTEIN R H, REYNOLDS TJ. 1994. Systematics of fluid inclusions in diagenetic minerals [M] . SEPM Short Course, 31: 199.

GRAUPNER T, BRAY C J, SPOONER E T C, et al. 2001a. Analysis of fluid inculsions in seafloor hydrothermal precipitates: testing and application of an integrated GC/IC technique [J] . Chemical Geology, 177: 443 – 470.

GRAUPNER T, KEMPE U L F, SPOONER E T C, et al. 2001b. Microthermometric, Laser Raman Spectroscopic, and Volatile – Ion Chromatographic Analysis of Hydrothermal Fluids in the Paleozoic Muruntau Au – Bearing Quartz Vein Ore Field, Uzbekistan [J] . Economic Geology, 96: 1 – 23.

GROVES D I, GOLDFARB R J, ROBERT F, et al. 2003. Gold deposits in metamorphic belts: Overview of current understanding, outstanding problems, future research, and exploration significance [J] . Economic Geology, 98: 1 – 29.

GROVES D I, GOLDFARB R J, GEBRE – MARIAM M, et al. 1998. Orogenic gold deposits: A proposed classification in the context of their crustal distribution and relationship to other gold deposit types [J] . Ore Geology Review, 13: 7 – 27.

HALL D L, STERNER S M, BODNAR R J. 1988. Freezing point depression of NaCl – KCl – H_2O solutions [J] . Economic Geology, 83: 197 – 202.

HANLEY J J, GLADNEY E R. 2011. The Presence of Carbonic – Dominant Volatiles during the Crystallization of Sulfide – Bearing Mafic Pegmatites in the North Roby Zone, Lac des Iles Complex, Ontario [J] . Economic Geology, 106: 33 – 54.

HEINHORST J, LEHMANN B, ERMOLOV P, et al. 2000. Paleozoic crustal growth and metallogeny of Central Asia: evidence from magmatic – hydrothermal ore systems of Central Kazakhstan [J] . Tectonophysics, 328: 69 – 87.

HOU Z Q, ZAW K, QU X M, et al. 2001. Origin of the Gacun volcanic – hosted massive sulfide deposit in Sichuan, China: Fluid inclusion and oxygen isotope evidence [J] . Econ. Geol. , 96: 1491 – 1512.

HOU Z Q, ZAW K, RONA P, et al. 2008. Geology, fluid inclusions, and oxygen isotope geochemistry of the Baiyinchang pipe – style volcanic – hosted massive sulphide Cu deposit in Gansu Province, Northwestern China [J] . Economic Geology, 103: 269 – 292.

HUTCHINSON R W. 1973. Volcanic Sulfide Deposit s and Their Metallogenic Significance [J] . Economic

Geology, 68 : 1223 – 1246.

INVERNO C M C, SOLOMON M, BARTON, et al. 2008. The Cu Stockwork and Massive Sulfide Ore of the Feitais Volcanic – Hosted Massive Sulfide Deposit, Aljustrel, Iberian Pyrite Belt, Portugal: A Mineralogical, Fluid Inclusion, and Isotopic Investigation [J] . Economic Geology, 103: 241 –267.

JIANG N, XU J H, SONG M X. 1999. Fluid inclusion characteristics of mesothermal gold deposits in the Xiaoqinling district, Shaanxi and Henan provinces, People's Republic of China [J]. Mineralium Deposita, 34: 150 – 162.

JUZA J, KMONICEK V, SIFNER O. 1965. Measurements of the specific volume of carbon dioxide in the range of 700 to 4000 bars and 50 to 475℃ [J] . Physica, 31: 1734 ~ 1744.

KENNDY G C, HOLSER W T. 1966. Pressure – volume – temperature and phase relations of water and carbon dioxide. Handbook of Physical Constants [J] . Geol Soc Amer Mem, 97: 371 – 384.

KLEIN, E L, FUZIKAWA K. 2010. Origin of the CO_2 – only fluid inclusions in the Palaeoproterozoic Carará vein – quartz gold deposit, Ipitinga Auriferous District, SE – Guiana Shield, Brazil: Implications for orogenic gold mineralization [J] . Ore Geology Reviews, 37: 31 – 40.

KLEMD R. 1998. Comment on the paper by Schmidt Mumm et al. High CO_2 content of fluid inclusions in gold mineralisations in the Ashanti Belt, Ghana: a new category of ore forming fluids? [J]. Mineral. Deposita, 33:317 – 319.

KONOPELKO D, BISKE G, SELTMANN R. 2008. Deciphering Caledonian events: Timing and geochemistry of the Caledonian magmatic arc in the Kyrgyz Tien Shan [J] . Journal of Asian Earth Sciences, 32 (2 – 4): 131 – 141.

KREMENETSKY A. 1994. Ore – forming theory for super – large ore deposit [abs.]: The 9th Symposium IAGOD, Beijing, China, Abstracts, 2: 443 – 444.

KRONER A, HEGNER E, LEHMANN B, et al. 2008. Palaeozoic arc magmatism in the Central Asian Orogenic Belt of Kazakhstan: SHRIMP zircon ages and whole – rock Nd isotopic systematics [J]. Journal of Asian Earth Sciences, 32 (2 – 4): 118 – 130.

LARGE R R. 1992. Australian volcanic – hosted massive sulfide deposits : Features , Styles , and Genetic Models [J] . Economic Geology, 87: 471 – 510.

LONG X P, YUAN C, SUN M, et al. 2010. Detrital zircon ages and Hf isotopes of the early Paleozoic flysch sequence in the Chinese Altai, NW China: New constrains on depositional age, provenance and tectonic evolution [J] . Tectonophysics, 480: 213 – 231.

LOUCKS R R, MAVROGENES J A. 1999. Gold solubility in supercritical hydrothermal brines measured in synthetic fluid inclusions [J] . Science, 284: 2159 – 2163.

MAO J W, PIRAJNO F, ZHANG Z H, et al. 2008. A review of the Cu – Ni sulphide deposits in the Chinese Tianshan and Altay orogens (Xinjiang Autonomous Region, NW China): Principal characteristics and ore – forming processes [J] . Journal of Asian Earth Sciences, 32 (2 – 4): 184 – 203.

MARCHEV P, KAISER – ROHRMEIER M, HEINRICH K, et al. 2005. Hydrothermal ore deposits related to post – orogenic extensional magmatism and core complex formation: The Rhodope Massif of

Bulgaria and Greece [J] . Ore Geology Reviews, 27: 53 – 89.

MARIGNAC C, DIAGANA B, CATHELINEAU M, et al. 2003. Remobilization of base metals and gold by Variscan metamorphic fluids in the south Iberian pyrite belt : evidence from the Tharsis VMS deposit [J] . Chemical Geology, 194: 143 – 165.

MARSHALL B, GILLIGAN L B. 1987. An introduction to remobilisation: information from ore – body geometry and experimental considerations [J]. Ore Geology Reviews, 2: 87 – 131.

MARSHALL B, VOKES F, LAROUCQUE A. 2000. Regional metamorphic remobilization: Upgrading and formation of ore deposits, in: SPY P, MARSHALL B, VOKES, F, eds, Metamorphosed and metamorphogenic ore deposits [C] //Reviews in Economic Geology, 11: 19 – 38.

McCLAY K R. 1983. Structural evolution of the Sullivan Fe – Pb – Zn – Ag orebody, Kimberley, British Columbia, Canada [J] . Economic Geology, 78: 1398 – 1424.

MOURA A. 2005, Fluids from the Neves Corvo massive sulphide ores, Iberian Pyrite Belt, Portugal [J] . Chemical Geology, 223: 153 – 169.

NI P, ZHU X, WANG R C, et al. 2008. Constraining ultrahigh – pressure (UHP) metamorphism and titanium ore formation from an infrared microthermometric study of fluid inclusions in rutile from Donghai UHP eclogites, eastern China [J]. Geological Society of America Bulletin, 120 (9/10): 1296 – 1304.

OHMOTO H, RYE R O. 1979. Isotopes of sulfur and carbon: Geochemistry of Hydrothermal Ore Deposits, Second Edition [M]. New York: John Wiley and Sons, 509 – 567.

OHMOTO H. 1972. Systematics of sulfur and carbon isotopes in hydrothermal ore deposits [J]. Economic Geology, 67: 551 – 578.

OHYAMA H, TSUNOGAE T, SANTOSH M. 2008. CO_2 – rich fluid inclusions in staurolite and associated minerals in a high – pressure ultrahigh – temperature granulite from the Gondwana suture in southern India [J]. Lithos, 101: 177 – 190.

PHILLIPS G N, EVANS K A. 2004. Role of CO_2 in the formation of gold deposits [J]. Nature, 429: 860 – 863.

ROEDDER E. 1965. Liquid CO_2 inclusion in olivine – bearing and phenocrysts from basalts [J]. American Mineral, 50: 1746 – 1786.

ROEDDER E. 1984. Fluid inclusions: Reviews in mineralogy [M] . Reston: American Mineralogist. 12: 1 – 644.

RONA P A. 2002. Marine minerals for the 21st century [J]. Episodes, 25: 2 – 12.

SANGSTER D F, SCOTT S D. 1976. Precambrian stratabound, massive Cu – Zn – Pb sulfide deposits of North America// Wolf K A. Handbook of stratabound and stratiform ore deposits [C] //Amsterdam: Elsevier, 129 – 222.

SANTOSH M, TSUNOGAE T, OHYAMA H, et al. 2008. Carbonic metamorphism at ultrahigh – temperatures: Evidence from North China Craton [J]. Earth and Planetary Science Letters, 266: 149 – 165.

SCHMIDT M A, OBERTHÜR T, VETTER U, et al. 1997. High CO_2 content of fluid inclusions in gold mineralisations in the Ashanti Belt, Ghana: a new category of ore forming fluids? [J] . Mineal. Deposita, 32: 107 – 118.

SHEPHERD T J, RANKIN A H, ALDERTON D H M. 1985. A practical guide to fluid inclusion studies [M]. Blackie: Chapman and Hall, 1 – 239.

SHERLOCK R L, ROCH T, SPOONER T C, et al. 1999. Origin of the Eskay Creek Precious metal – rich volcanogeny massive sulfide deposit: Fluid inclusion and stable isotope evidence [J]. Economic Geology, 94: 803 – 824.

SOLOMON M. 1976. Volcanic Massive Sulphide Deposit s and Their Host Rocks : A Review and Explanation//WOLF K A. Handbook of stratabound and stratiform ore deposits [C] //Amsterdam: Elsevier.

SPRY P G, PLIMER I R, TEALE G S. 2008. Did the giant Broken Hill (Australia) Zn – Pb – Ag deposit melt? [J]. Ore Geology Reviews, 34 (3): 223 – 241.

STEPHEN E, KESLER M R, MARLON J. 2007. Geochemistry of fluid inclusion brines from earth's oldest Mississippi Valley – type (MVT) deposits, Transvaal Supergroup, South Africa [J]. Chemical Geology, 237: 274 – 288.

STERNER S M, PITZER K S. 1994. An equation of state for carbon dioxide valid from zero to extreme pressures [J]. Contri. Minera. Petrol., 117: 362 – 374.

TAKENOUCHI S, KENNEDY G C. 1964. The binary system CO_2 – H_2O at high temperatures and pressures [J]. Am. Jour. Sci., 262: 1055 – 1074.

TARAN Y A, BERNARD A, GAVILANES J C, et al. 2001. Chemistry and mineralogy of high – temperature gas discharges from Colima volcano, Mexico: Implications for magmatic gas – atmosphere interaction [J]. Journal of Volcanology and Geothermal Research, 108 (1 –4): 245 – 264.

TAYLOR B E. 1986. Magmatic volatiles: Isotopic variation of C, H and S in: Valley JW, Taylor HP and O' Neil JR (eds.). Stable Isotopes in High Temperature Geological Processes [M]. Reviews in Mineralogy, 16: 185 – 225.

TAYLOR S R. 1964. Trace element abundances and the chondrite earth model [J]. Geochim. et Cosmochim. Acta, 28: 1989 – 1998.

THIERY R, Van den KERKHOF A, DUBESSY J. 1994. VX properties of CH_4 – CO_2 and CO_2 – N_2 fluid inclusions: modelling for $T < 31℃$ $P > 400bars$ [J]. European. J. Mineral., 6: 753 – 771.

ULRICH T, GOLDING S D, KAMBER B S, et al. 2002. Different mineralization styles in a volcanic – hosted ore deposit: the fluid and isotopic signatures of the Mt Morgan Au – Cu deposit, Australia [J]. Ore Geology Reviews, 22: 61 – 90.

Van den KERKHOF A, THIÉRY R. 2001. Carbonic inclusions [J]. Lithos, 55: 49 – 68.

WAN B, ZHANG L C, XIAO W J. 2010. Geological and geochemical characteristics and ore genesis of Keketale Pb – Zn deposit, Southern Altay metallogenic belt, NW China [J]. Ore Geology Reviews, 37: 114 – 126.

WAN B, XIAO W J, ZHANG L C, et al. 2011. Iron mineralization associated with a major strike – slip shear zone: Radiometric and oxygen isotope evidence from the Mengku deposit, NW China [J]. Ore Geology Reviews, 44: 136 – 147.

WANG J B, ZHANG J H, DING R F, et al. 2000. Tectono – Metallogenic System in the Altay Orogenic Belt, China [J]. Acta Geologica Sinica (English Edition), 74 (3): 485 –491.

WANG Y W, WANG J B, WANG S L, et al. 2003. Geology of the Mengku iron deposit, Xinjiang, China—a metamorphosed VMS? //MAO J W, GOLDFARB R J, SELTMANN R, et al, Tectonic evolution and metallogeny of the Chinese Altay and Tianshan [C] //London: Centre for Russian and Central Asian Mineral Studies, Natural History Museum, 181 –200.

WERNER C, CARDELLINI C. 2006. Composition of carbon dioxide emissions with fluid upflow, chemistry, and geologic structures at the Rotorua geothermal system, New Zealand [J]. Geothermics, 35 (3): 221 –238.

WILDE A R, LAYER P, MERNAGH T, et al. 2001. The giant Muruntau gold deposit: geologic, geochronologic, and fluid inclusion constraints on ore genesis [J]. Economic Geology, 96: 633 –644.

XAVIER R P, FOSTER R P. 1999. Fluid evolution and chemical controls in the Fazenda Maria Preta (FMP) gold deposit, Rio Itapicuru Greenstone Belt, Bahia, Brazil [J]. Chemical Geology, 154: 133 –154.

XIAO W J, WINDLEY B F, BADARCH G, et al. 2004. Palaeozoic accretionary and convergent tectonics of the southern Altaides: implications for the lateral growth of Central Asia [J]. Journal of the Geological Society, London, 161: 339 –342.

XIAO W J, PIRAJNO F, SELTMANN R. 2008. Geodynamics and metallogeny of the Altaid orogen [J]. Journal of Asian Earth Sciences, 32 (2 –4): 77 –81.

XU J H, XIE Y L, WANG L J, et al. 2003. Rare earth elements in CO_2 – fluid inclusions in mantle lherzolite [J]. Jour. of Uni. of Sci. and Tech. Beijing, 10 (3): 8 –12.

XU J H, DING R F, XIE Y L, et al. 2008. The source of hydrothermal fluids for the Sarekoubu gold deposit in the southern Altai, Xinjiang, China: Evidence from fluids inclusions and geochemistry [J]. Journal of Asian Earth Sciences, 32: 247 –258.

XU J H, DING R F, XIE Y L, et al. 2005. Pure CO_2 fluids in the Sarekoubu gold deposit at southern margin of Altai Mountains in Xinjiang, West China [J]. Chinese Science Bulletin, 50 (4), 333 –340.

XU J H, HART C J R., WANG L L, et al. 2011. Carbonic fluid overprints in VMS mineralization: Examples from the Kelan Volcanic Basin, Altaides, China [J]. Economic Geology, 106: 145 –158.

XU L G, MAO J W, YANG F Q, et al. 2010. Geology, geochemistry and age constraints on the Mengku skarn iron deposit in Xinjiang Altai, NW China [J]. Journal of Asian Earth Sciences, 39: 423 –440.

YAKUBCHUK A. 2004. Architecture and mineral deposit settings of the Altaid orogenic collage: a revised model [J]. Journal of Asian Earth Sciences, 23: 761 –779.

YAKUBCHUK A. 2008. Re – deciphering the tectonic jigsaw puzzle of the northern Eurasia [J]. Journal of Asian Earth Sciences, 32 (2 –4): 82 –101.

ZAW K, HUNNS S R, LARGE R R. 2003. Microthermometry and chemical composition of fluid inclusions from the Mt Chalmers volcanic – hosted massive sulfide deposits, central Queensland, Australia: implications for ore genesis [J]. Chemical Geology, 194: 225 –244.

ZHANG L, ZHENG Y, CHEN Y J. 2012. Ore geology and fluid inclusion geochemistry of the Tiemurte

Pb – Zn – Cu deposit, Altay, Xinjiang, China: A case study of orogenic – type Pb – Zn systems [J]. Journal of Asian Earth Sciences, 49: 69 –79.

ZHENG Y, ZHANG L, CHEN Y J, et al. 2013. Metamorphosed Pb – Zn – （Ag） ores of the Keketale VMS deposit, NW China: Evidence from ore textures, fluid inclusions, geochronology and pyrite compositions [J]. Ore Geology Reviews, 54: 167 – 180.

ZHU Y F, ZENG Y S, GU L B. 2006. Geochemistry of the rare metal – bearing pegmatite No. 3 vein and related granites in the Keketuohai region, Altay mountains, northwest China [J]. Asian Earth Sciences, 27: 61 –77.

Abstract

Ore – forming Fluids in Orogenic – Metamorphic Environments of the Southern Altaides, China

Xu Jiuhua, Lin Longhua, et al.

The Altaid orogenic belt is exposed in the Altai Mountain ranges of northern Xinjiang Province in northwestern China, which represents one of the most important metallogenic provinces in China. Continental margin rifting, basin formation and syngenetic ore – forming systems occurred during extension of the continental margin in the Early – Middle Devonian and resulted in the formation of volcanic belts, with associated massive sulfide deposits. Subduction, convergence and collision between the Kazakhstan – Junggar Plate and the Siberia Plate dominated through the Late Devonian – Permian, eventually resulting in closure of the intervening ocean basin in the early Carboniferous and widespread regional metamorphism, thrusting and local extension through to Permian time. Orogenic gold deposits in the Altaides have formed during this Late Carboniferous to Permian period.

There are four volcano – sedimentary basins in the southern margin of the Altaides in China; namely, the Ashele, Chonghuer, Kelan and Meizi Basins, which host several volcanogenic massive sulfide deposits such as the Ashele Cu – Zn and the Keketala Zn – Pb deposits. Among them the Kelan Basin is the largest and hosts the Tiemurte Zn – Pb (Cu) and the Dadonggou Zn – Pb volcano – sedimentary sulfide deposits. The basement of the Kelan Basin consists of the Paleoproterozoic to Mesoproterozoic Kemuqi and Neoproterozoic Fuyun groups, which are composed variably of gneisses, migmatites and marbles. Sedimentary strata in the basin include the Middle to Upper Silurian Kulumuti group, the Lower Devonian Kangbutiebao Formation, and the Middle Devonian Altai Formation.

The Lower Devonian Kangbutiebao Formation (in age from 410 to 390 Ma) is the dominant strata of the Kelan Basin and is further divisible into two sub – formations: the lower Kangbutiebao Formation consists of biotite quartz schist, phyllite, meta – rhyolite, and meta – volcanic breccias between 500 to 1500 m thick, and the upper Kangbutiebao Formation is composed of migmatite, gneiss, chlorite – biotite schist and marbles and includes three lithologic members with a combined thickness of 1850 to 3000 m. The second lithologic member of the upper sub – formation hosts the massive Zn – Pb (Cu) mineralization. The Altai Formation that forms the core of the northwest – trending Altai synclinorium is stratigraphically conformable with the Kangbutiebao Formation, and consists of metamorphic marine clastic rocks, basic volcanic rocks and carbonate units.

The southern margin of the Altaides has undergone intensive NW – SE compression since the Late Devonian to the Early Permian, which has resulted in synorogenic metamorphism, deformation and hydrothermal mineralization. There was another important mineralizing epoch after the Early Devonian VMS mineralization. Not only had VMS ores undergone deformation and metamorphism, but gold – copper – bearing sulfide – quartz veins formed during the orogeny or post – orogeny. The Sarekoubu gold deposit and the Qiaxia copper – gold deposits are typical orogenic events which occur as two types of quartz veins. The first group occurs as lentoid or streaked quartz veins (Q I), which are parallel to the foliated structure of biotite – chlorite or garnet – chlorite schist. The second group consists of chalcopyrite – bearing quartz veins (Q II) which cut across chlorite schist and banded sulfides at small angles and represent a younger and metamorphic – related overprinting event.

There are three types of fluid inclusions in vein quartz of the Sarekoubu and the Qiaxia: $CO_2 – H_2O$ fluid inclusions, carbonic inclusions, and salt – aqueous inclusions. The $CO_2 – H_2O$ fluid inclusions ($L_{CO_2} – L_{H_2O}$) are commonly found both in the early quartz veins (Q I) and the late chalcopyrite – bearing quartz veins (Q II). The carbonic fluid inclusions are also commomly observed; a few carbonic fluid inclusions may be of primary origin, and some inclusions may be pseudosecondary, especially in the chalcopyrite – quartz veins. A large number of these carbonic fluid inclusions are of secondary origin. The fluid inclusion assemblage (FIA) method was applied in petrography study and thermometry data analysis. The melting temperatures of the frozen phases (T_{m,CO_2}) for $CO_2 – H_2O$ inclusions and carbonic inclusions for Q I at the Sarekoubu deposit are – 60.8 ~ – 56.5°C and the homogenization temperatures (T_{h,CO_2}) = 5.6 ~ 28.4°C, while those for QII are – 62.5 ~ – 56.5°C (T_{m,CO_2}) and – 34.9 ~ + 31.0°C (T_{h,CO_2}). In the Qiaxia copper – gold deposit, the T_{m,CO_2} of $CO_2 – H_2O$ inclusions in the early stage quartz (Q I) ranges from – 63.0°C to – 57.7°C, and the T_{h,CO_2} ranges from 17.3°C to + 29.5°C, those in Q II are – 67.1 ~ – 59.3°C (T_{m,CO_2}) and 22.7°C ~ 28.3°C (T_{h,CO_2}). The total homogenization temperatures ($T_{h,tot}$) for the $CO_2 – H_2O$ inclusions range from 243°C to 395°C (Q I, Sarekoubu) and 201°C to 382°C (Q I, Qiaxia). The $CO_2 – H_2O$ inclusions in chalcopyrite – pyrite quartz veins (Q II) have a $T_{h,tot}$ from

208℃ to 328℃ (Sarekoubu) and 207℃ to 365℃ (Qiaxia) .

The Erqisi tectonic – metallogeny belt is important for gold mineralization in north Xinjiang, which hosts the Sarbulake, the Saidu, and the Duolanasayi gold deposits. The ore bodies of the Saidu, controlled by ductile shear zone, occur in altered mylonite zones of the Markuli giant fault zone. The tectonic – mineralizing fluids in early stage were characterized by mesothermal to hydrothermal, $CO_2 - N_2$ – rich fluids, with 252 ~ 408℃ of homogenization temperatures of fluid inclusions. Those in middle stage were characterized by $CO_2 - H_2O$ fluids, which have 203 ~ 326℃ of homogenization temperatures. And fluids in late stage were epithermal to mesothermal, low salinity aqueous solution, with 120 ~ 221℃ of homogenization temperatures. The Sarbulake gold deposit has similar features of fluid inclusions as the Saidu deposit. The $\delta^{34}S$ values of pyrite in the Saidu gold deposit range from 3. 53‰ to 5. 88‰; the lead isotopic compositions are not variable, with $^{206}Pb/^{204}Pb$ ranging from 18. 010 to 18. 359, $^{207}Pb/^{204}Pb$ ranging from 15. 488 to 15. 579, and $^{208}Pb/^{204}Pb$ ranging from 38. 112 to 38. 355. The sulfur and lead isotope studies indicate that ore – forming materials originated from the depth portion, and have close relations with magmatic activity. The ore materials were obtained from rocks in low crust during orogenic period. The main gold mineralizing was related with extension environment of post orogeny, and evolution characters are corresponding with evolvement of shear zones.

The Tiemurte and the Dadonggou Zn – Pb – (Cu) volcanogenic massive sulfide deposits, situated in the Devonian Kelan vocanic – sedmentary basin of the south margin of the Chinese Altaides, were metamorphosed and overprinted by metamorphic sulfide – quartz veins during Early Carboniferous to Early Permian. Two mineralizing periods of ore mineral growth can be identified: (1) disseminated, banded and massive sulfide ores related to a primary depositional sea – floor volcanic – hydrothermal activity; and (2) the foliated sulfide – quartz veins (Q I) related to synorogenic metamorphism and late chalcopyrite – bearing quartz veins (Q II) cutting the schist related to a younger metamorphic overprinting event. Metamorphism of the ores is indicated by biotite, phlogopite, garnet and chlorite cutting across the banded sphalerite and disseminated chalcopyrite – pyrrhotite ores; banded and deformed sphalerite was replaced by chlorite in some samples, and garnet porphyroblasts containing sphalerite occurs in banded Zn⁻– Pb ores with late galena filling cross fissures in garnet. The paragenetically later mineral assemblage consists of two types of quartz veins in the metamorphic strata; one type is synmetamorphic, white to grayish – white quartz veins with pyrite and minor chalcopyrite, galena and pyrrhotite parallel to foliation; and the second type is chalcopyrite – bearing quartz veins that cut the foliation of the chlorite schist and banded sulfides. Both of these quartz – vein types cut the metamorphosed ores, in particular, the chalcopyrite – bearing quartz veins cutting the Zn – Pb layers, and drusy quartz filling pyrite disseminated altered host rocks.

Carbonic (CO_2 – CH_4 – N_2) fluid inclusions are ubiquitous in Q I and Q II veins metamorphic VMS deposits. A few carbonic fluid inclusions may be primary and some may be pseudosecondary, whereas the vast number of carbonic fluid inclusions is secondary representing later events. A microthermometry study shows that primary carbonic fluid inclusions in Q I and Q II have T_{m,CO_2} ranging from $-64.5 \sim -59.4℃$, with $T_{h,CO_2} = -13.4 \sim +18.6℃$. The secondary carbonic fluid inclusions exhibit two behaviors when cooling and heating: the T_{m,CO_2} of the first group (L_{CO_2}) ranges from $-63.3℃$ to $-57.7℃$, and that of the second group ($L_{CO_2-CH_4-N_2}$) ranges from $-83.4℃$ to $-61℃$. The second group of carbonic fluids has much higher CH_4 and/or N_2 proportions than the first group. The trapping temperatures for the carbonic inclusions have been estimated to be $243 \sim 412℃$ (for Tiemurte) and $216 \sim 430℃$ (for Dadonggou) on the basis of some L_{CO_2} – L_{H_2O} inclusions associated with carbonic inclusions, and the trapping pressures have been estimated to be $120 \sim 340MPa$, which are consistent with deformation $p - T$ conditions of quartz, and slightly less than the $p - T$ conditions of the biotite and garnet metamorphic zones. These abundant carbonic inclusions at the Tiemurte and the Dadonggou deposits were not a part of a volcanogenic ore producing system but represent a much younger event, possibly having originated from a synorogenic metamorphism which may have contributed to orogenic gold.

In the Tiemurte Zn – Pb (Cu) deposit, the $\delta^{34}S$ values of sulfides in VMS ores range from $-26.46‰$ to $-19.72‰$, indicating that the sulfur mainly from the inorganic reduction and bacterial reduction of seawater sulfate. The $\delta^{34}S$ values of sulfides from late superimposed veins are closed to those in the Sarekoubu gold deposit, indicating a deep source of sulfur in the ores. The δD_{H_2O} and $\delta^{18}O_{H_2O}$ in the Sarekoubu gold deposit and the late overprints of Tiemurte Zn – Pb (Cu) deposit indicate that the fluids in collision orogeny were related with metamorphism and related magmatic events. The $\delta^{13}C$ values of CO_2 in carbonic inclusions range from $-21.15‰$ to $-7.51‰$, and those of CH_4 range from $-34.11‰$ to $-28.38‰$ in Sarekoubu gold deposit. Whereas, $\delta^{13}C$ values from fluid inclusions in the late Cu – bearing quartz veins in the Tiemurte range from $-8.02‰$ to $-6.99‰$, showing a deep source or a magma source that was not related with marine volcanic sedimentary.

Contents

索　引

3　流体包裹体

附　　录

附录1　彩　　图

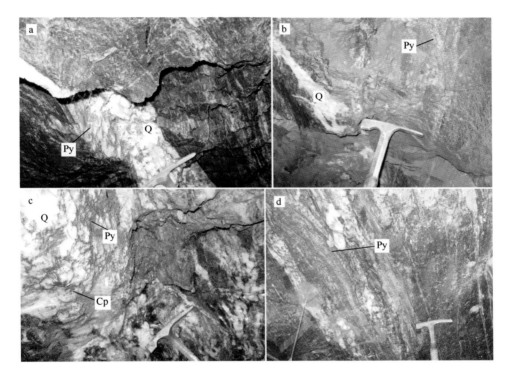

彩图3-1　萨热阔布金矿床含金石英脉不同矿化阶段特征

a—顺层分布的含金石英脉，其间裂隙被细脉状黄铁矿（Py）切割，
萨热阔布金矿6中段1300m；b—剪切带中的石英脉（Q）及黄铁矿脉（Py），
富金矿化地段，萨热阔布金矿7中段19线右方50°；
c—富金黄铁矿石英脉，细脉状黄铁矿（Py）黄铜矿脉（Cp）充填早期石英脉，
萨热阔布金矿1300m 45线；d—富金矿化的黄铁矿脉发育，沿较早的石英脉边部裂隙，
萨热阔布金矿7中段11线顶板，右方50°

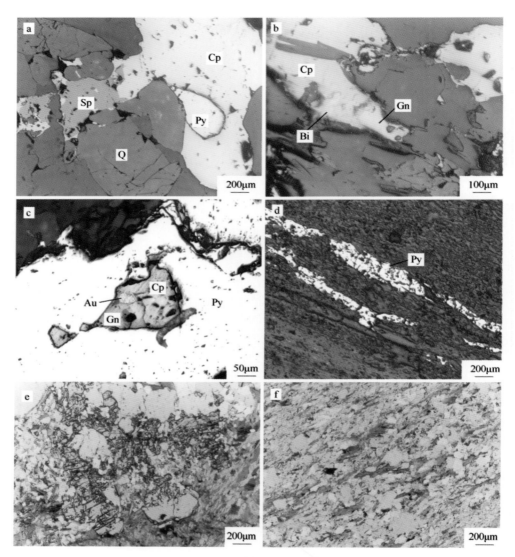

彩图 3 – 2　萨热阔布金矿矿石共生组合特征

a—Ⅲ阶段黄铜矿（Cp）–闪锌矿（Sp）包含早期的黄铁矿（Py），SR21，反光；

b—黄铁矿–石英脉（Ⅱ阶段）中与黄铜矿（Cp）–方铅矿（Gn）（Ⅲ阶段）
共生的自然铋（Bi），SR22，3 中段，反光；

c—穿孔状交代黄铁矿（Py）颗粒中的黄铜矿（Cp）–方铅矿（Pb）及
共生的自然金（Au），SR813，反光；

d—沿片理生长的叶理状黄铁矿，SR801，反光；

e—含石榴子变斑晶的蚀变角闪岩型矿石，2 中段；

f—绿泥石化黑云母石英片岩，含矿石英脉的蚀变围岩，2 中段

彩图 3-3 恰夏铜矿含矿石英脉特征

a—变晶屑凝灰岩中顺层石英脉 Q I，石英脉产状 52°∠78°，恰夏 D11003 点；

b—变基性火山岩中透镜状矿化石英脉 Q I，有孔雀石化，石英脉产状 62°∠78°，D11005；

c—切穿变基性火山岩 - 磁铁矿层的黄铁矿石英脉 Q II，恰夏沟铁矿化点，D11006；

d—变基性火山岩中层状磁铁矿和剪切带，以及剪切带中的石英脉，恰夏沟地表

彩图 3 - 4　恰夏铜矿围岩和矿石特征

a—含孔雀石石英脉型铜矿石，恰夏沟；b—切层石英脉中浸染状黄铜矿及氧化的褐铁矿

彩图 3 - 5　额尔齐斯金矿带构造 - 蚀变岩野外特征

a—赛都金矿Ⅱ号脉露天采场，石英脉呈透镜状产于糜棱岩蚀变带中，0 号勘探线；

b—萨尔布拉克金矿的构造 - 蚀变带剖面；

c—萨尔布拉克金矿变晶屑凝灰岩中（产状 40°∠80°），2 组石英细脉，

产状分别为 30°∠38°和 240°∠63°；

d—萨尔布拉克露采场，陡立南倾的金矿带及其两侧蚀变千枚岩

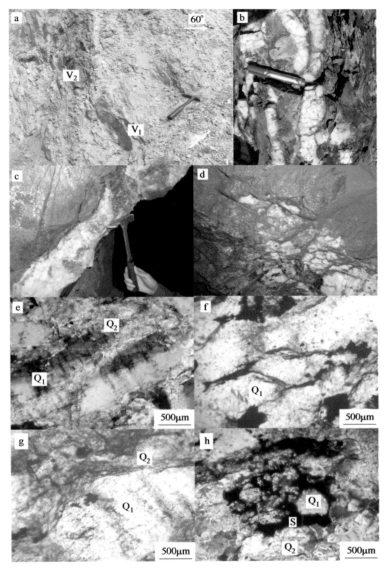

彩图5-1　赛都金矿各种构造石英脉体及显微镜下特征

a—赛都金矿1号矿体韧性剪切带中顺层石英脉透镜体（V_1）和切层石英脉（V_2），构造片理带走向
150°右为60°，D001点；b—D2a$^{2-2}$千枚状板岩中顺层石英脉，D008点；
c，d—赛都金矿2号矿体闪长岩中或充填的边部粗晶黄铁矿-白色石英脉（第Ⅱ阶段），
106线附近617m标高；e—白色石英脉（第Ⅱ阶段）中两期石英，
Q_1—长条状，Q_2—重结晶，82-2-6，（+）；
f—烟灰色石英脉中（第Ⅲ阶段），透镜状Q_1被硫化物（黄铜矿等）环绕，82-2-23，（-）；
g—灰白色石英脉（第Ⅱ阶段）中，透镜状Q_1中垂直长轴，Q_1周边的细粒Q_2和碳质网脉，82-2-10；
h—烟灰色石英脉（第Ⅲ阶段）中，硫化物填隙重结晶石英Q_2，并见碎屑石英Q_1，82-2-22，（+）
（显微照片图中为光薄片所照，较正常薄片厚，故石英在正交偏光下呈鲜艳的干涉色）

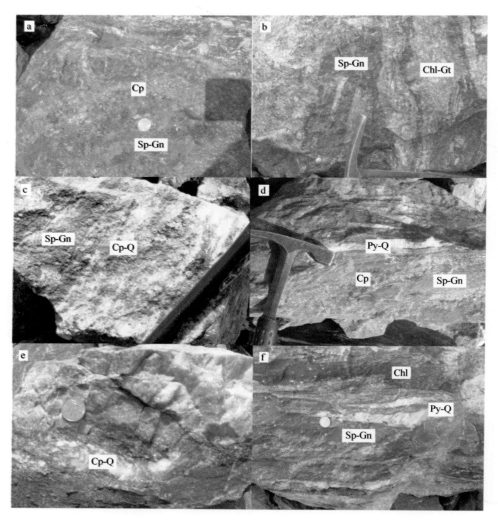

彩图6-1　克兰盆地铅锌（铜）矿床的矿化构造岩露头特征

a—揉皱状黄铜矿脉（Cp）交代变形的层状铅锌矿（Sp-Gn），铁木尔特；

b—变形的层状铅锌矿（Sp-Gn）和石榴子石绿泥片岩相间沿构造片理方向分布，铁木尔特；

c—晚期黄铜矿石英细脉（Cp-Q）穿插含层纹状闪锌矿（Sp-Gn）的大理岩，铁木尔特1号矿体；

d—与变质片理平行的同构造黄铁矿-石英脉（Py-Q）和斜切绿泥片岩
和块状闪锌矿层（Sp）黄铜矿脉（Cp），铁木尔特；

e—含网脉状黄铁矿石英脉（Py-Q）透镜体分布于层状铅锌矿（Sp-Gn）
和绿泥片岩中，大东沟1180m水平；

f—同构造条带状石英脉分布于绿泥片岩中和层状铅锌矿（Sp-Gn）间，大东沟1140 m水平

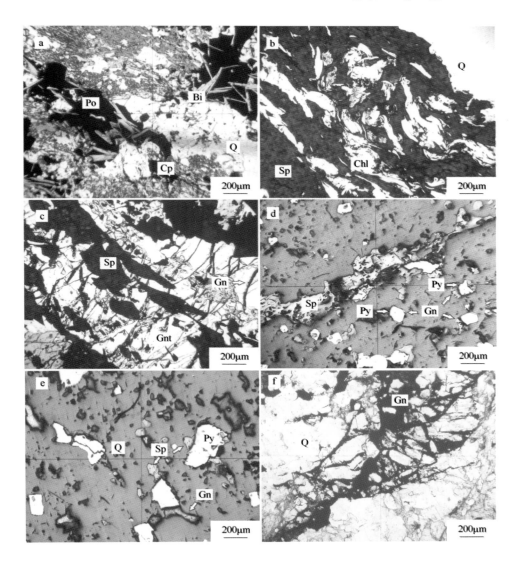

彩图 6 - 2　克兰盆地块状硫化物矿床的矿化构造岩的显微特征

a—云母片岩中绿色黑云母(Bi)等交代黄铜矿(Cp) - 磁黄铁矿(Po)等，铁木尔特；

b—条带状铅锌矿石塑性变形，绿泥石(Chl)交代闪锌矿(Sp)，27 号矿体；

c—石榴子石(Gnt)变斑晶沿 NW - SE 方向生长，并包含闪锌矿(Sp)和方铅矿(Gn)；

d—沿片理方向(NEE - SWW)增生的方铅矿(Gn) - 闪锌矿(Sp)交代黄铁矿(Py)，大东沟；

e—黄铁矿(Py)两侧沿最小主应力 NW - SE 向增生方铅矿(Gn) - 闪锌矿(Sp)，大东沟；

f—石英裂隙中网脉状方铅矿，大东沟 1180m，DD - 16

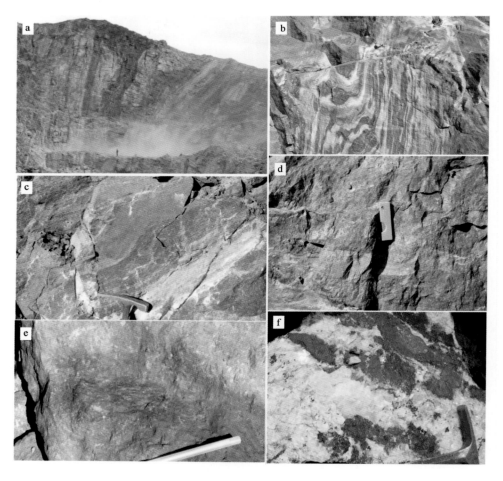

彩图 6 - 3　蒙库铁矿野外露头

a—康布铁堡组向形构造的磁铁角闪岩型矿体；

b—强烈变形的磁铁黑云角闪变粒岩；

c—11 号矿体，块状磁铁矿交代磁铁角闪岩，又被石榴子石矽卡岩条带状穿插；

d—块状磁铁矿呈脉状包围磁铁角闪岩，9 号矿体；

e—6 号矿体石榴子石矽卡岩中的块状磁铁矿角砾，9 号矿体；

f—胶结石榴子石矽卡岩和磁铁矿的方解石石英脉

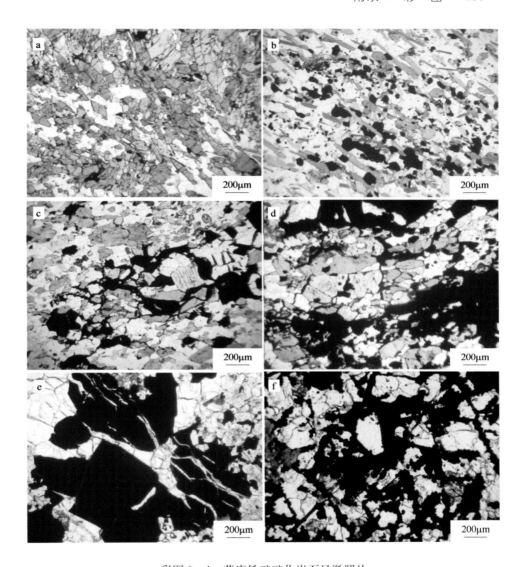

彩图 6 – 4　蒙库铁矿矿化岩石显微照片

a—斜长角闪岩中两期变形，NWW 延长角闪石被 NNW 向较粗的角闪石切穿，

磁铁矿（黑色）主要与沿 NWW 向分布的角闪石有关，MK29；

b—角闪黑云石英片岩中黑云母斜切浸染状磁铁矿，MK31A；

c—角闪变粒岩中浸染状磁铁矿压溶富集，角闪石、石英碎裂具可拼性，MK38B；

d—角闪磁铁变粒岩中 Mt 压溶富集，沿片理分布，MK38；

e—具异常非均质的石榴子石细脉切穿磁铁矿，MK43；

f—钙铁榴石交代磁铁矿，钙铁榴石 – 磁铁矿边界锯齿状，钙铁榴石尖头指向磁铁矿，MK43

附录 2　野外照片

1—萨热阔布金矿露天采场剖面，照片右方 45°；

2—下泥盆统康布铁堡组钙质粉砂岩 - 变晶屑凝灰岩互层，萨热阔布金矿南；

3—下泥盆统康布铁堡组流纹质晶屑凝灰岩中剪切带及其透镜状石英脉，萨热阔布金矿外围；

4—康布铁堡组变基性火山岩中的顺层分布的铜矿化石英脉，周围有孔雀石化，恰夏沟；

5—康布铁堡组变钙质粉砂岩中斜切地层的晚期矿化石英脉，大东沟铅锌矿 1180m 标高；

6—康布铁堡地层中的浅粒岩和铅锌矿层，阿巴宫铅锌矿附近公路边露头；

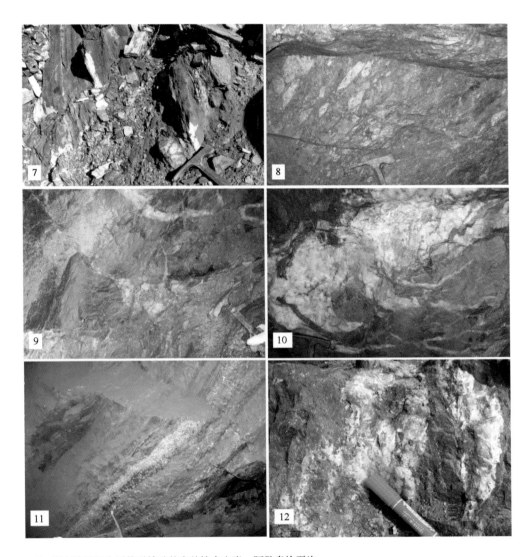

7—康布铁堡组含层状磁铁矿的变基性火山岩，阿勒泰恰夏沟；

8—康布铁堡地层中层状铅锌矿下盘的凝灰质角砾岩，塔拉特铅锌矿 1040m 中段；

9—铁木尔特 PbZn 矿体上盘（NE）黑云片岩中的张性石英脉及不规则黄铁矿脉，3 中段（1483m）；

10—PbZn 矿体上盘（NE）黑云片岩中张性的黄铁矿石英脉，铁木尔特 3 中段（1483m）；

11—阿巴宫（塔拉特）铅锌矿，层状的块状硫化物铅锌矿，1040m，128 线；

12—层状磁铁矿矿体中的晚期黄铁矿石英脉，蒙库铁矿 6 号矿体

附录3　岩石薄片照片

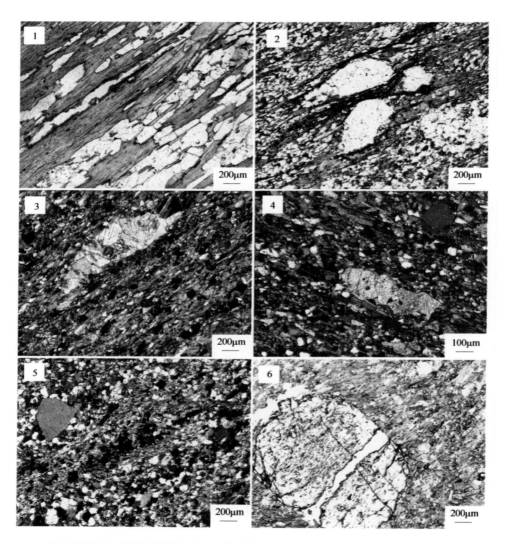

1—黑云石英片岩，原岩为晶屑凝灰岩，阿勒泰恰夏沟，QP-3，单偏光；

2—绿泥黑云石英片岩，绿泥石部分交代黑云母，石英集合体呈透镜状定向分布，萨热阔布金矿围岩，
　　SR17，单偏光；

3—钙质云母片岩，方解石与黑云母相间沿片理分布，较大的方解石集合体呈透镜状分布，还出现双
　　晶扭折，阿勒泰大东沟，DD14，正交偏光；

4—变钙质粉砂岩，方解石集合体呈透镜状产出，阿勒泰大东沟，DD13，正交偏光；

5—变质晶屑凝灰岩，可见石英晶屑（灰色）残留和细粒重结晶石英，萨热阔布金矿，SR08，正交偏光；

6—石榴子石黑云片岩，石榴子石变斑晶大小不一，局部旋转现象，萨热阔布金矿，SR31，单偏光；

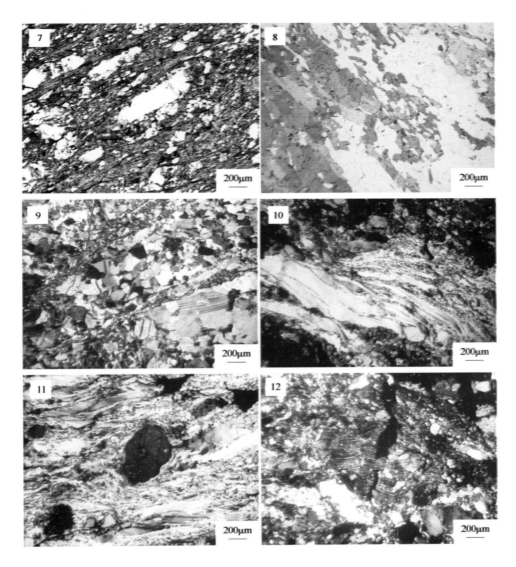

7—绿泥石英片岩，黑云母大部分已蚀变为绿泥石，萨热阔布金矿，SR12，单偏光；

8—角闪石英片岩，片理主要由角闪石（绿－浅黄绿）构成，阿勒泰恰夏沟，QI106；

9—糜棱岩化二长片麻岩，呈定向构造的更长石残斑，重结晶细粒石英形成糜棱页理，麦兹盆地克乃特，KN05，正交偏光；

10—糜棱岩型铜矿石（孔雀石化），重结晶细粒石英和拉长石英形成的拔丝条带，麦兹盆地克乃特，KN09，正交偏光；

11—糜棱岩型铜矿石，残斑石英的旋转结构和拉长石英形成的拔丝条带，麦兹盆地克乃特，KN09，正交偏光；

12—糜棱岩化二长片麻岩，斜长石扭折带，KN22，正交偏光；

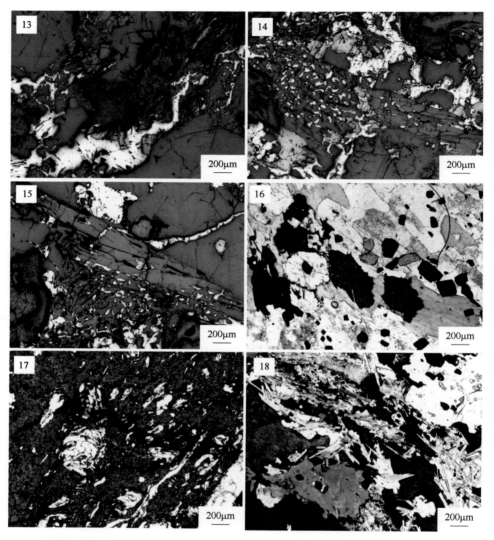

13—纤维状放射状阳起石交代闪锌矿（浅灰色）-方铅矿（亮白色），阿巴宫铅锌矿，AB1103b，反光；

14—沿解理交代透闪石（灰色）的晚期闪锌矿（浅灰色）-方铅矿（亮白色），阿巴宫铅锌矿，
　　AB1103f，反光；

15—晚期闪锌矿（浅灰色）-方铅矿（亮白色）-黄铜矿（浅黄色）沿变形的阳起石-角闪石解理、
　　裂隙充填交代，阿巴宫铅锌矿，AB1103j，反光；

16—绿泥石化黑云母（浅绿色）交代闪锌矿（褐色）-方铅矿（黑色），阿巴宫铅锌矿，AB1104c，单
　　偏光；

17—层纹状闪锌矿（深褐色）等被揉皱状绿色黑云母、绿泥石（浅色）交代，铁木尔特，TM909，单
　　偏光；

18—层纹状闪锌矿（褐-深褐色）等被绿色黑云母、绿泥石（浅绿色、针状）大面积交代，铁木尔
　　特，TM911，单偏光

附录4 包裹体照片

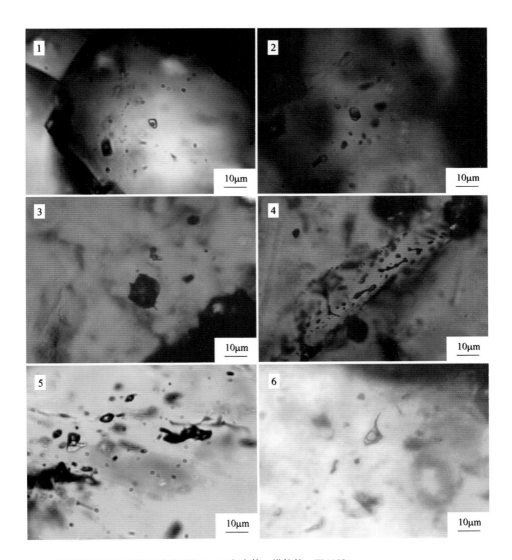

1—层状锌铅矿石中闪锌矿内的原生 L－V 包裹体，塔拉特，TL1102；

2—顺层分布的闪锌矿－方铅矿脉，闪锌矿中原生 L－V 包裹体，大东沟，DD33；

3—块状 Pb－Zn 矿石的 Sp 中原生包裹体空洞，铁木尔特，TM－7；

4—顺层分布的闪锌矿－方铅矿脉，沿闪锌矿边界分布的次生包裹体，大东沟，DD33；

5—稠密浸染状铅锌矿石中浅色闪锌矿内的原生 L－V 包裹体，部分已变形破坏，塔拉特，TP05；

6—层状闪锌矿裂隙中的次生 $CO_2－H_2O$ 包裹体，塔拉特，TL1102；

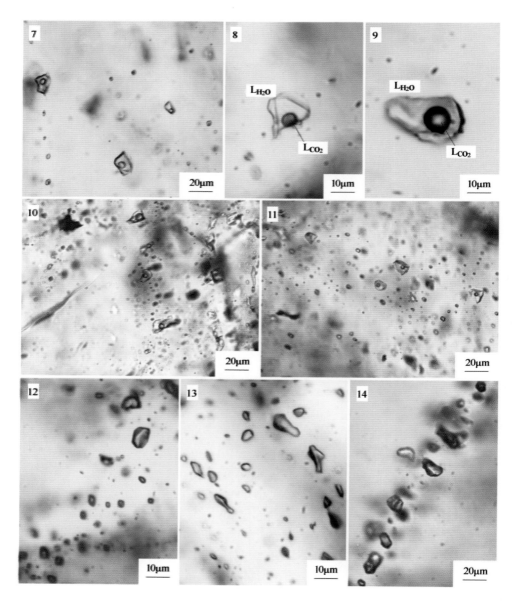

7—孤立产出的 $H_2O - CO_2$ 包裹体，SR806；8—孤立产出的 $H_2O - CO_2$ 包裹体，SR22；

9—孤立产出的 $H_2O - CO_2$ 包裹体，SR23；10—面状分布的 $H_2O - CO_2$ 包裹体 FIA，QⅠ101；

11—带状分布的 $H_2O - CO_2$ 包裹体 FIA，QⅠ112；12—带状分布的 CO_2 包裹体 FIA，SR4005；

13—面状分布的 CO_2 包裹体 FIA，SR21；14—沿愈合裂隙分布的碳质流体包裹体 FIA，QⅠ103